21世纪应用型本科规划教材

C语言程序设计教程

邵雪航　王春明　主　编

杨　迎　副主编

杜　凯　主　审

中国铁道出版社有限公司
CHINA RAILWAY PUBLISHING HOUSE CO., LTD.

内 容 简 介

本书是为适应应用型本科发展新形势需要，为后续学习其他程序设计语言奠定基础而编写的，是一本既有理论基础，又注重操作技能实用性的程序设计教程。

全书共分11章。第1章简要介绍C语言及开发环境；第2章介绍变量、数据类型和运算符；第3章介绍顺序结构程序设计；第4章介绍选择结构程序设计；第5章介绍循环结构程序设计；第6章介绍数组；第7章介绍函数；第8章介绍指针；第9章介绍结构类型与联合类型；第10章介绍文件；第11章介绍位运算。本书以突出应用、强调技能为目标，同时覆盖全国计算机等级考试（二级）相关内容。本书还配有配套教材《C语言程序设计实验与习题》，对本教材的知识点、技术和方法进行提炼、概括和总结，设计了大量的习题、实验、综合实训，便于学生巩固复习。

本书适合作为应用型本科各专业教材，也可作为全国计算机等级考试的复习用书，以及各类计算机培训班教材或初学者的自学用书。

图书在版编目（CIP）数据

C语言程序设计教程 / 邵雪航，王春明主编. — 北京：中国铁道出版社，2016.2（2023.8重印）

21世纪应用型本科规划教材

ISBN 978-7-113-21544-6

Ⅰ. ①C… Ⅱ. ①邵… ②王… Ⅲ. ①C语言－程序设计－高等学校－教材 Ⅳ. ①TP312

中国版本图书馆CIP数据核字（2016）第041458号

书　　名：C语言程序设计教程
作　　者：邵雪航　王春明

策　　划：张　铁　刘丽丽　　**编辑部电话：**（010）51873202
责任编辑：周　欣　徐盼欣
封面设计：大象設計·小戚
封面制作：白　雪
责任校对：王　杰
责任印制：樊启鹏

出版发行：中国铁道出版社有限公司（100054，北京市西城区右安门西街8号）
网　　址：http://www.tdpress.com/51eds/
印　　刷：北京铭成印刷有限公司
版　　次：2016年2月第1版　　2023年8月第7次印刷
开　　本：787 mm×1 092 mm　1/16　**印张：**15　**字数：**356千
书　　号：ISBN 978-7-113-21544-6
定　　价：35.00元

前　言

C 语言是针对应用型本科专业开设的第一门程序设计基础课程。本书是为了适应应用型本科发展新形势的需要，为后续学习其他程序设计语言奠定基础而编写的，主要是为学生提供一本既有理论基础，又注重操作技能实用性的程序设计教程。本书针对应用型本科教学的特点，注重基础知识的系统性和基本概念的准确性，尤其强调应用性和实用性。

本书使用环境：Visual C++ 6.0，书中所有源程序已经在此环境下调试并成功运行。

通过本书的学习，学生可以掌握 C 语言程序设计的基本思想、方法和解决实际问题的应用技巧。

本书内容的主要特色是用学生成绩管理系统案例贯穿始终，并覆盖全国计算机等级考试二级 C 语言程序设计的相关内容。除第 1 章外，每章基本设有学习目标、完成任务、现场练习、示例、小结和作业，能够满足不同专业的要求。本书力求通过实际问题的讲解，融理论于实践当中，加强操作技能的实用性，逐步提高学生编写程序的能力。

本书由邵雪航、王春明任主编，由杨迎任副主编。具体编写分工如下：第 1 章、第 2 章、第 6 章、第 7 章、第 10 章、第 11 章由邵雪航编写；第 3 章、第 4 章、第 9 章由王春明编写；第 5 章、第 8 章由杨迎编写。全书由邵雪航统稿，由杜凯教授主审。

本书还配有配套教材《C 语言程序设计实验与习题》，对本教材的知识点、技术和方法进行提炼、概括和总结，设计了大量的习题、实验、综合实训，便于学生巩固复习。本书以突出应用、强调技能为目标，同时覆盖全国计算机等级考试二级 C 语言程序设计相关考试内容。

本书适合作为应用型本科各专业教材，也可作为全国计算机等级考试（二级）的复习用书，以及各类计算机培训班教材或初学者的自学用书。

限于编者水平，书中难免存在疏漏与不足之处，恳请广大读者批评指正。

编　者

2015 年 12 月

目　录

第1章　C语言简介及基础

学习目标：

- 了解程序、算法和流程图的概念。
- 熟练掌握C程序的结构。
- 熟练使用Visual C++ 6.0编辑和运行C程序。
- 熟悉使用Visual C++ 6.0调试程序。

完成任务：

本书以学生成绩管理系统作为项目案例贯穿始终，结合每章涉及的知识点不断对此项目进行完善。学生成绩管理系统主要负责统计学生某几门课程的成绩情况，并可以根据需要对学生成绩进行查询，显示所有符合条件的学生成绩。

1.1　第一个C语言程序

【示例1.1】要求输出“hello world!”这一行文字。

```
/*第一个C语言程序举例*/
#include <stdio.h>                        //包含有关标准输入/输出库函数的信息
void main()                               //main()函数
{
   printf("hello world!\n");              //输出库函数
}
```

程序运行结果：

```
hello world!
Press any key to continue
```

1.2　什么是程序

程序一词来自生活，通常指完成某些事务的一种即定方式和过程。可以将程序看作对一系列动作的执行过程的描述。日常生活中可以找到许多“程序”实例。例如，去银行取钱的行为可以描述为：

（1）带上存折去银行。

（2）填写取款单。

（3）将存折和取款单递给银行职员。

（4）银行职员办理取款事宜。

（5）拿到钱。

（6）离开银行。

这个过程是一个非常简单的程序。实际上，生活中去银行取钱还可以细化一下，例如：若银行职员办理取款事宜时发现取款单填写有误，或者填写好取款单后已经到了下班时间等。细化后的程序要复杂得多，不再是一个平铺直叙的动作序列，其步骤会更多，还出现了分情况处理和可能出现的重复性运作。日常生活中程序性活动的情况与计算机里程序执行很相似。这一情况可以帮助我们理解计算机的活动方式。

人们使用计算机，就是要利用计算机处理各种不同的问题。不要忘记计算机是机器，需要由人告诉它们工作的内容和完成工作的方法。为使计算机能按人的指挥工作，计算机提供了一套指令，其中的每一种指令对应着计算机能执行的一个基本动作。为让计算机完成某项任务而编写的逐条执行的指令序列就称为程序。

1.3 程序算法及流程图

1. 算法

为了让计算机能准确无误地完成任务，必须事先对各类问题进行分析，确定解决问题的具体方法和步骤，再编制好一组让计算机执行的指令，交给计算机，让计算机按人们指定的步骤有效地工作。这些具体的方法和步骤，其实就是解决一个问题的算法。由此可见，程序设计的关键之一，是解决问题的方法与步骤，即算法。算法也是程序设计的灵魂。

思考现实生活中计算矩形面积的简单问题。要解决这个问题，需要执行以下步骤。

（1）了解此矩形的长和宽两个值。

（2）判断长和宽的值是否大于零。

（3）如果大于零，将长和宽两个值相乘得到面积。

（4）显示面积值。

由于同一个问题可以有不同的解决方法，所以不同的两个人也可能编写出不同的算法而得到相同的结果。

在实际应用中可以用自然语言、流程图、结构化流程图、伪代码、PAD 图等形式来描述算法。通常情况下使用流程图。流程图是算法的一种图形化表示方式，直观、清晰，更有利于人们设计算法。它使用一组预定义的符号来说明如何执行特定任务。这些预定义的符号已标准化，从而让开发人员可以采用这些符号而不会引起混淆。

2. 流程图

美国国家标准学会（American National Standards Institute，ANSI）规定了一些常用的流程图符号，如表 1-1 所示。

表 1-1 常用的流程图符号

符　号	描　述	符　号	描　述
（圆角矩形）	程序的开始框或结束框	（菱形）	判断和分支框
（矩形）	计算步骤处理符号框	↓ ↑	流向线
（平行四边形）	输入/输出框		

前面给出的计算矩形面积的算法可用流程图表示，如图1–1所示。

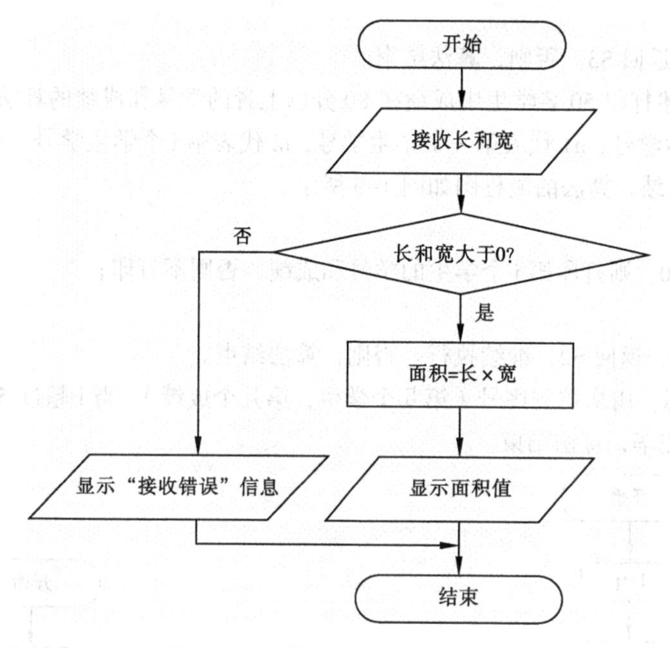

图1–1 计算矩形面积的流程图

【示例1.2】描述5!的算法流程图。

分析：求1×2×3×4×5。

步骤1：先求1×2，得到结果2；

步骤2：将步骤1得到的乘积2乘以3，得到结果6；

步骤3：将6乘以4，得24；

步骤4：将24乘以5，得120。

如果要求1×2×…×1000，则要写999个步骤，这样太烦琐。

可以设两个变量：一个变量代表被乘数，另一个变量代表乘数。不另设变量存放乘积结果，而直接将每一步骤的乘积放在被乘数变量中。设p为被乘数，i为乘数。用循环算法来求结果，算法可改写为：

S1：使p=1；

S2：使i=2；

S3：使p*i，乘积仍放在变量p中，可表示为：p*i→p；

S4：使i的值加1，即i+1→i；

S5：如果i不大于5，返回重新执行步骤S3以及其后的步骤S4和S5；否则，算法结束。最后得到的p值就是5!的值。

以上算法的流程图如图1–2所示。

如果题目改为"求1×3×5×…×11"，算法只需做很少的改动：

S1：1→p；

S2：3→i；

S3：p*i→p；

S4：i+2→p；

S5：若 i≤11，返回 S3。否则，算法结束。

【示例 1.3】描述打印 50 名学生中成绩在 80 分以上者的学号和成绩的算法流程图。

分析：设 n 表示学号，n1 代表第一个学生学号，ni 代表第 i 个学生学号。用 g 代表学生成绩，gi 代表第 i 个学生成绩，算法的流程图如图 1–3 所示。

S1：1→i；

S2：如果 gi≥80，则打印第 i 个学生的学号和成绩，否则不打印；

S3：i+1→i；

S4：如果 i≤50，返回 S2，继续执行。否则，算法结束。

变量 i 作为下标，用来控制序号（第几个学生，第几个成绩）。当 i 超过 50 时，表示已将 50 个学生的成绩处理完毕，算法结束。

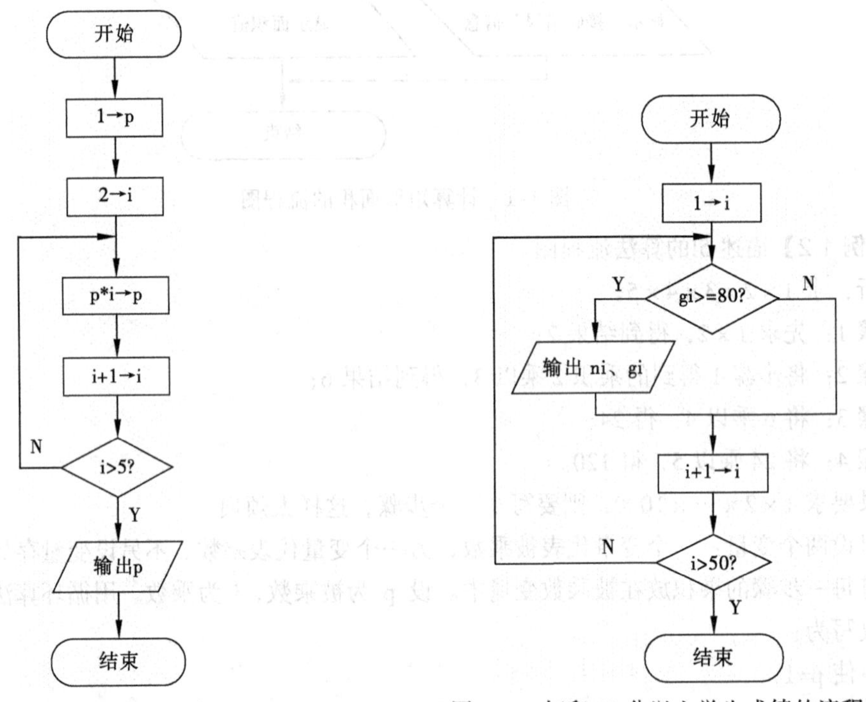

图 1–2　5!的流程图　　　　图 1–3　打印 80 分以上学生成绩的流程图

1.4　程序设计语言的发展历程

自 1946 年世界上第一台电子计算机问世以来，计算机科学及其应用的发展十分迅猛，计算机被广泛地应用于人类生产、生活的各个领域，推动了社会的进步与发展。特别是随着 Internet 日益深入千家万户，传统的信息收集、传输及交换方式正在发生改变，计算机已将人类带入了一个新的时代——信息时代。

新的时代对于人们的基本要求之一是：自觉、主动地学习和掌握计算机的基本知识和基本技能，并把它作为自己应该具备的基本素质。要充分认识到，缺乏计算机知识，就是信息时代的“文盲”。

对于大学生而言，掌握一门高级语言及其基本的编程技能是必需的。大学学习，除了掌握本专业系统的基础知识外，科学精神的培养、思维方法的锻炼、严谨踏实科研作风的养成，以及分析问题、解决问题能力的训练，都是日后工作的基础。学习计算机语言是一种十分有益的训练方式，而计算机语言本身又是与计算机进行交互的有力工具。

一台计算机是由硬件系统和软件系统两大部分构成的，硬件是物质基础，而软件可以说是计算机的灵魂。没有软件，计算机就是一台“裸机”，什么工作都无法完成，有了软件，计算机才能成为一台真正的“电脑”。所有的软件都是用计算机语言编写的。

计算机程序设计语言的发展经历了从机器语言、汇编语言到高级语言的历程。

1．机器语言

电子计算机所使用的是由“0”和“1”组成的二进制数，二进制是计算机语言的基础。计算机发明之初，人们只能用计算机的语言去命令计算机工作，也就是写出一串串由“0”和“1”组成的指令序列交由计算机执行，这种语言就是机器语言。使用机器语言编写程序十分烦琐且工作量巨大，特别是在程序有错误需要修改时更是如此。而且，由于每台计算机的指令系统往往各不相同，所以，在一台计算机上执行的程序，要想在另一台计算机上执行，必须另编程序，造成了重复工作。但是，机器语言使用的是针对特定型号计算机的语言，故而运算效率是所有语言中最高的。机器语言是第一代计算机语言。

2．汇编语言

为了减轻使用机器语言编程的工作量，人们进行了一种有益的改进：用一些简洁的英文字母、符号串来替代一个特定指令的二进制串，例如，用“ADD”代表加法，用“MOV”代表数据传递，等等，这样，人们很容易读懂并理解程序在干什么，纠错及维护工作都变得方便了。这种程序设计语言称为汇编语言，即第二代计算机语言。然而计算机是不认识这些符号的，这就需要一个专门的程序专门负责将这些符号翻译成二进制数的机器语言，这种翻译程序称为汇编程序。

汇编语言同样十分依赖于机器硬件，移植性不好，但效率仍十分高。针对计算机特定硬件而编制的汇编语言程序，能准确发挥计算机硬件的功能和特长，程序精练而质量高，所以至今仍是一种常用而强有力的软件开发工具。

3．高级语言

从最初与计算机交流的经历中，人们意识到，应该设计一种这样的语言：接近于数学语言或人的自然语言，同时又不依赖于计算机硬件，编写出的程序能在所有机器上使用。经过努力，1954年，第一个完全脱离机器硬件的高级语言——FORTRAN 问世了，60 多年来，共有几百种高级语言出现，有重要意义的有几十种，影响较大、使用较普遍的有 C++、VC、VB、Java 和 C#等。

高级语言的发展也经历了从早期语言到结构化程序设计语言，从面向过程到非过程化程序语言的过程。相应地，软件的开发也由最初的个体手工作坊式的封闭式生产，发展为产业化、流水线式的工业化生产。

20世纪60年代中后期，软件越来越多，规模也越来越大，而软件的生产基本上是各自为战，缺乏科学规范的系统规划与测试、评估标准，其后果是大批耗费巨资建立起来的软件系统由于含有错误而无法使用，甚至带来巨大损失，软件给人的感觉是越来越不可靠，以致几乎没有不出错的软件。这一切极大地震动了计算机界，史称“软件危机”。人们认识到：大型程序的编制不同于小程序的编写，它应该是一项新的技术，应该像处理工程一样处理软件研制的全过程。程序的设计应易于保证正确性，也便于验证正确性。1969 年，E.W.Dijkstra 提出了结构化程序设计方法，1970 年，第一个结构化程序设计语言——Pascal 语言出现，标志着结构化程序设计时期的开始。

20 世纪 80 年代初，在软件设计思想上又产生了一次革命，其成果就是面向对象的程序设计。在此之前的高级语言几乎都是面向过程的，程序的执行是流水线作业，在一个模块被执行完成前不能执行其他操作，也无法动态地改变程序的执行方向。这和人们日常处理事物的方式是不一致的，人们希望发生一件事就处理一件事，也就是说，不能面向过程，而应是面向具体的应用功能，也就是对象（Object）。其方法就是软件的集成化，如同硬件的集成电路一样，生产一些通用的、封装紧密的功能模块，称为软件集成块。它与具体应用无关，但能相互组合，完成具体的应用功能，同时又能重复使用。对使用者来说，只关心它的接口（输入量、输出量）及能实现的功能，至于如何实现则是它内部的事，使用者完全不用关心。C++就是典型代表。

高级语言的下一个发展目标是面向应用，也就是说：只需要告诉程序要做什么，程序就能自动生成算法，自动进行处理，这就是非过程化的程序设计语言。

1.5 C 语言发展历程

早期的操作系统等系统软件主要是用汇编语言编写的，如 UNIX 操作系统。汇编语言依赖于计算机硬件，程序的可读性和可移植性都比较差。为了提高可读性和可移植性，最好改用高级语言，但一般高级语言难以实现汇编语言的某些功能，如不像汇编语言可以直接对硬件进行操作（对内存地址的操作、位（bit）操作等）。人们设想能否找到一种既具有一般高级语言特性，又具有低级语言特性的语言，集它们的优点于一身。于是，C 语言应运而生，之后成为国际上广泛流行的计算机高级语言。它适合于作为系统描述语言，既可用来编写系统软件，也可用来编写应用软件。

C 语言是在 B 语言的基础上发展起来的，它的根源可以追溯到 ALGOL 60。1960 年出现的 ALGOL 60 是一种面向问题的高级语言，它离硬件比较远，不宜用来编写系统程序。1963 年，英国的剑桥大学推出了 CPL（Combined Programming Language）。CPL 在 ALGOL 60 的基础上有所接近硬件，但规模比较大，难以实现。1967 年，英国剑桥大学的 Matin Richards 对 CPL 语言做了简化，推出了 BCPL（Basic Combined Programming Language）。1970 年，美国贝尔实验室的 K.Thompson 以 BCPL 为基础，又做了进一步简化，使得 BCPL 能在 8 KB 内存中运行，这个很简单而且很接近硬件的语言就是 B 语言（取 BCPL 的第一个字母），并用它编写了第一个 UNIX 操作系统，在 DEC PDP-7 上实现。1971 年，在 PDP-11/20 上实现了 B 语言，并编写了 UNIX 操作系统。但 B 语言过于简单，功能有限，并且和 BCPL 都是“无类型”的语言。1972—1973 年间，贝尔实验室的 D.M.Ritchie 在 B 语言的基础上设计出了 C 语言（取 BCPL 的第二个字母）。C 语言既保持了 BCPL 和 B 语言的优点（精练，接近硬件），又克服了它们的缺点（过于简单，数据无类型等）。最初的 C 语言只是为描述和实现 UNIX 操作系统提供一种工具语言而设计的。1973 年，K.Thompson 和 D.M.Ritchie 两人合作把 UNIX 的 90%以上用 C 语言进行了改写，即 UNIX 第 5 版。（原来的 UNIX 操作系统是

1969年由美国的贝尔实验室的K.Thompson和D.M.Ritchie开发成功的，是用汇编语言写的）这样，UNIX使分散的计算系统之间的大规模联网以及互联网成为可能。

后来，C语言做了多次改进，但主要还是在贝尔实验室内部使用。直到1975年UNIX第6版公布后，C语言的突出优点才引起人们普遍关注。1977年出现了不依赖于具体机器的C语言编译文本“可移植C语言编译程序”，使C移植到其他机器时所需做的工作大大简化了，这也推动了UNIX操作系统迅速地在各种机器上实现。例如，VAX、AT&T等计算机系统都相继开发了UNIX。随着UNIX的日益广泛使用，C语言也迅速得到推广。C语言和UNIX可以说是一对孪生兄弟，在发展过程中相辅相成。1978年以后，C语言已先后移植到大、中、小、微型机上，如IBM System/370、Honeywell 6000和Interdata 8/32，已独立于UNIX和PDP。现在C语言已风靡全世界，成为世界上应用最广泛的计算机语言之一。

以1978年由美国电话电报公司（AT&T）贝尔实验室正式发表的UNIX第7版中的C编译程序为基础，Brian W.Kernighan和D.M.Ritchie合著了影响深远的名著*The C Programming Language*，常常称它为K&R，也有人称之为“K&R标准”或“白皮书”（White Book），它成为后来广泛使用的C语言版本的基础，但在K&R中并没有定义一个完整的标准C语言。为此，1983年，美国国家标准学会X3J11委员会根据C语言问世以来各种版本对C的发展和扩充，制定了新的标准，称为ANSI C。ANSI C比原来的标准C有了很大的发展。K&R在1988年修改了他们的经典著作*The C Programming Language*，按照ANSI C标准重新写了该书。1987年，ANSI又公布了新标准——87 ANSI C，目前流行的C编译系统都是以它为基础的。当时广泛流行的各种版本C语言编译系统虽然基本部分是相同的，但也存在一些不同之处。在微型机上使用的有Microsoft C（MS C）、Borland Turbo C、Quick C和AT&T C等，它们的不同版本又略有差异。到后来的Java、C++、C#都是以C语言为基础发展起来的。

C语言是一种国内外广泛流行的、已经得到普遍应用、很有发展前途的程序设计语言，它既可以用来编写系统软件，又可以用来编写应用软件。

对操作系统以及需要对硬件进行操作的场合，C语言明显优于其他高级语言，许多大型应用软件都是用C语言编写的。通常情况下，学习程序设计语言的最佳途径是尽早地编写程序、调用程序，进而解决实际问题。

1.6 C语言特点

C语言简洁、紧凑，使用方便、灵活。总体来说，C语言具有以下特点：

（1）具有32个关键字、9种控制语句，程序形式自由。

（2）运算符丰富，具有34种运算符。

（3）数据类型丰富，具有现代语言的各种数据结构。

（4）具有结构化的控制语句，是完全模块化和结构化的语言。

（5）语法限制不太严格，程序设计自由度大。

（6）允许直接访问物理地址，能进行位操作，能实现汇编语言的大部分功能，可直接对硬件进行操作，兼有高级和低级语言的特点。

（7）目标代码质量高，程序执行效率高。只比汇编程序生成的目标代码效率低10%~20%。

（8）程序可移植性好（与汇编语言比），基本上不做修改就能用于各种型号的计算机和各种操作系统。

1.7 C语言程序的简单结构

示例 1.1 展示了 C 程序的典型结构。

```
#include <stdio.h>
void main()
{
   printf("hello world!\n");
}
```

对示例 1.1 的说明如下：

（1）#include：以#开始的语句称为预处理语句。在编译器开始工作之前，先对这些命令进行预处理，然后将预处理的结果和源程序一起进行常规的编译处理，以得到目标代码。并不是每个 C 程序都必须有预处理语句，但是，如果程序有该语句，就必须将它放在程序的开始处，即位于任何其他语句之前。

（2）<stdio.h>：以.h 为扩展名的文件称为头文件，它可以是 C 程序中现成的标准库文件，也可以是自定义的库文件。标准库文件定义了任何程序内可以使用的函数，使得开发人员可以轻松地执行日常任务。stdio.h 文件中包含了有关输入/输出语句的函数。

（3）void main()：main()函数是 C 程序处理的起点。main()函数可以返回一个值，也可以不返回值。如果某个函数没有返回值，可以在它的前面加一个前缀 void。除了 main()函数外，C 程序还可以包括一个或多个自定义函数。

（4）{：在函数定义的后面有一个左花括号，即 { 。它表示函数的开始。花括号的后面是函数的主体或构成函数的语句。花括号也可以用于将语句块括起来。

（5）printf ("hello world!\n");：在屏幕上产生一行输出“hello world!”，并换行（\n）。函数主体中的每条语句都以分号结束。C 程序中的一条语句可以跨越多行，并且用分号通知编译器该语句已结束。

（6）}：在函数定义的结尾处有一个右花括号，即 }。

以上结构是 C 程序的主要结构。除了以上元素外，在 main()及用户定义的其他函数的主体中还有许多其他元素，如变量的声明、变量的初始化和数据操作语句等。在后面章节会陆续讲到这些元素。

（7）存储 C 语言的源程序文件时，扩展名为 .c。

C 程序可以包含注释，以便对程序的某部分进行说明。编译器并不会处理这些注释。注释可分为单行注释和多行注释。单行注释使用//，多行注释使用/*和*/。例如，可以编写如下注释：

```
/******************
作者:
程序实现功能:
创建程序日期:
描述:
******************/
```

从书写清晰，便于阅读、理解、维护的角度出发，在书写程序时应遵循以下规则：

（1）一个声明或一条语句占一行。

（2）用{}括起来的部分，通常表示了程序的某一层次结构。{}一般与该结构语句的第一个字母对齐，并单独占一行。

（3）低一层次的语句或说明可比高一层次的语句或说明缩进若干格后书写，以便看起来更加清晰，增加程序的可读性。

（4）函数与函数之间加空行，以清晰地分出程序中有几个函数。

（5）对于数据的输入，运行时最好出现输入提示，对于数据的输出，也要有一定的提示格式。

（6）为了增加程序的可读性，对语句和函数应加上适当的注释。

在编程时应力求遵循这些规则，以养成良好的编程风格。

【示例 1.4】求两数之和。

```
#include <stdio.h>
void main()                  /*求两数之和*/
{
    int a,b,sum;             /*声明，定义变量为整型*/
    /*以下 3 行为 C 语句 */
    a=123; b=456;
    sum=a+b;
    printf("sum is %d\n",sum);
}
```

程序运行结果：

```
sum is 579
Press any key to continue
```

【示例 1.5】比较两数大小，并把比较大的数输出。

```
#include <stdio.h>
void main()
{
     int max(int x,int y);          /*对被调用函数 max() 的声明 */
     int a,b,c;                     /*定义变量 a、b、c */
     scanf("%d,%d",&a,&b);          /*输入变量 a 和 b 的值*/
     c=max(a,b);                    /*调用 max() 函数，将得到的值赋给 c */
     printf("max=%d\n",c);          /*输出 c 的值*/
}

int  max(int x,int y)
{
    int z;
    if(x>y)  z=x;
    else z=y;
    return(z);
}
```

程序运行结果：

```
5 , 9
max=9
Press any key to continue
```

说明：本示例包括 main()和被调用函数 max()两个函数。max()函数的作用是将 x 和 y 中较大者的值赋给变量 z。return 语句将 z 的值返回给主调函数 main()。

通过以上的几个示例，可以概括出C语言程序的结构特点：

（1）C程序是由函数构成的。每个C程序都有而且必须有一个主函数（main()函数）。通常情况下，一个C程序由主函数（main()函数）、系统提供的库函数（scanf()、printf()），以及程序员自己设计的自定义函数（如max()等）3种类型的函数。

（2）一个函数由两部分组成：

① 函数的首部。示例1.5中的max()函数首部如下：

```
int max(int x,int y)
```

② 函数体。花括号内的部分。若一个函数有多个花括号，则最外层的一对花括号为函数体的范围。

（3）一个程序总是从主函数（main()函数）开始执行，无论主函数写在程序的什么位置。

（4）C程序书写格式自由，一条语句可以占多行，一行也可以有多条语句。

（5）每条语句和数据声明的最后必须有一个分号。

（6）C语言本身没有输入/输出语句。输入和输出的操作是由库函数scanf()和printf()等函数来完成的。C对输入/输出实行“函数化”。

（7）程序中有预处理命令，预处理命令通常应放在程序的最前面。

1.8 C程序编译原理

C语言是高级程序语言，用C语言写出的程序通常称为源程序，人们容易使用、书写和阅读，但计算机却不能直接执行，因为计算机只能识别和执行特定二进制形式的机器语言程序。为使计算机能完成某个C源程序所描述的工作，就必须首先把这个源程序转换成二进制形式的机器语言程序，这种转换由C语言系统完成。

C程序的编译和连接过程如图1-4所示。

首先，由编译器将程序员编写的程序（又称源代码）转换为目标文件。目标文件本身还不能执行。为了使此类代码成为可执行代码，必须将目标文件连接到连接器，连接器用来连接目标文件以创建一个可执行文件。目标文件包括源代码目标文件和必要的预编译目标文件，它们是将目标文件转换为可执行文件时所不可缺少的。

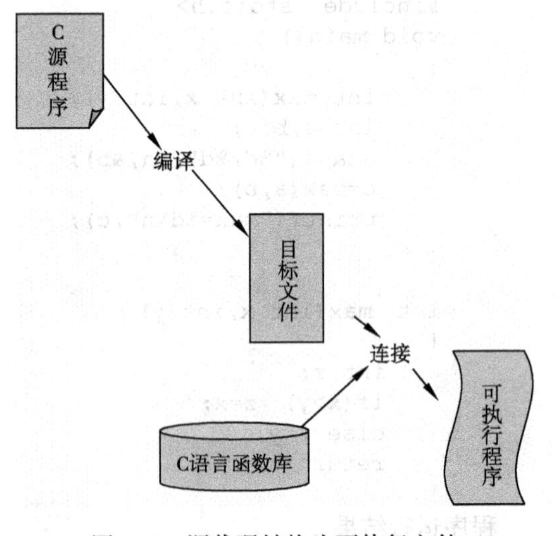

图1-4 源代码转换为可执行文件

通常，C程序在编译和执行过程中有4个不同的文件与其关联。它们是：

（1）源程序：是用户创建的文件，以.c为文件扩展名保存。

（2）头文件：含有函数的声明和预处理语句，用于帮助访问外部定义的函数。头文件的扩展名为.h。

（3）目标文件：是编译器的输出结果。这类文件的常见扩展名为.o或.obj。

（4）可执行文件：是连接器的输出结果。可执行文件的扩展名为.exe。

通常情况下，C 程序开发过程如图 1–5 所示。

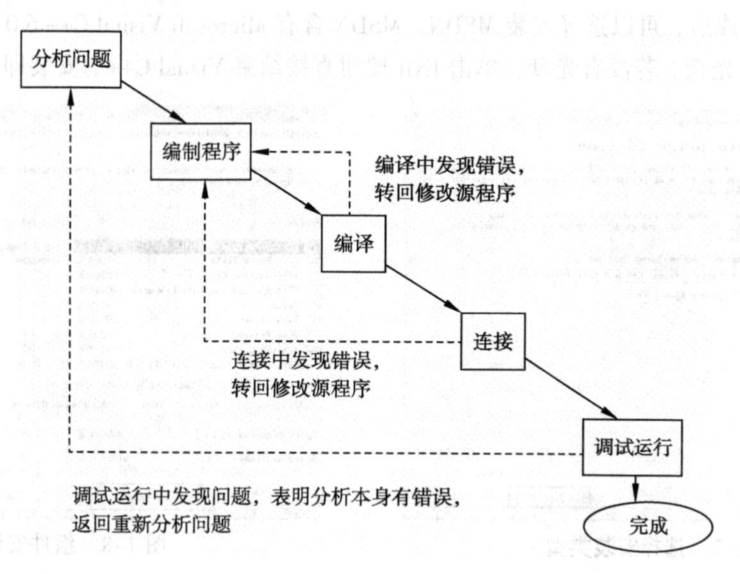

图 1–5　C 程序开发过程

1.9　C 语言开发环境

C 语言程序的编译系统有许多种，早期非常流行的编译系统有 Turbo C，它是美国 Borland 公司生产的一套 DOS 平台上的 C 语言编译系统。随着面向对象技术的飞速发展，面向对象技术的 C++、C#在 Windows 程序和大型软件开发中得到了最广泛的使用。

为了方便程序开发，人们开发了一类称为 IDE（集成开发环境）的软件。Visual C++ 6.0 是目前国内比较流行的一种 C++源程序的编译系统，使用该系统也可以编辑和运行 C 语言的源程序。使用 Microsoft Visual C++ 6.0 可以创建控制台应用程序，也可以创建 Windows 应用程序。

本书采用微软公司的 Visual C++ 6.0 作为 C 程序开发工具，书中的所有示例程序均在 Visual C++ 6.0 中调试并通过运行。

1.9.1　Visual C++ 6.0 的安装及界面

1．Visual C++ 6.0 的安装

主要操作过程如下：

（1）将 Microsoft Visual C++ 6.0 安装光盘插入光驱，运行 Setup.exe 文件，出现安装界面，如图 1–6 所示。

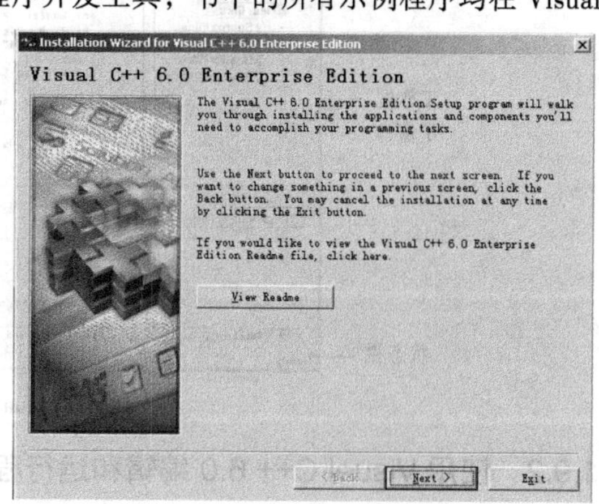

图 1–6　安装程序界面

（2）单击 Next 按钮，然后接受软件许可协议，输入 ID 号，输入正确后单击 Next 按钮，出现的界面如图 1–7 所示。

（3）单击 Next 按钮，完成选定安装文件夹后，

单击 Next 按钮，出现选择安装组件的界面，如图 1-8 所示。

（4）在 Options 列表中进行选择，然后单击 Continue 按钮，安装程序开始复制文件。

（5）安装完成后，可以选择安装 MSDN。MSDN 含有 Microsoft Visual C++ 6.0 的帮助信息，但需要插入 MSDN 光盘。若没有光盘，单击 Exit 按钮直接结束 Visual C++的安装即可。

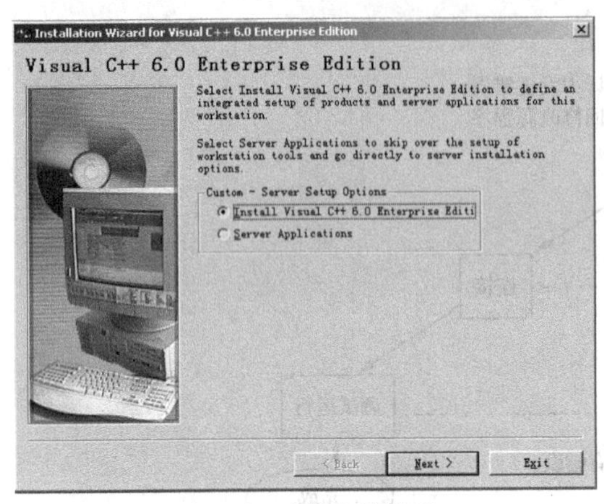

图 1-7 选择安装类型

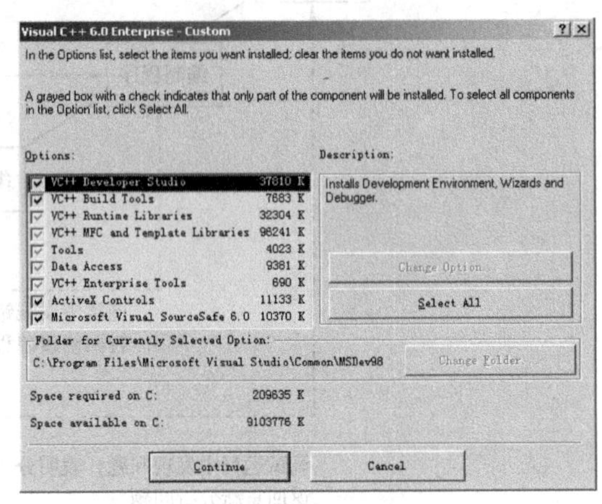

图 1-8 组件安装

2. Visual C++ 6.0 的界面

双击桌面上的 Visual C++ 快捷方式图标，打开 Visual C++ 6.0 的操作界面。

VC++ 6.0 的操作界面由标题栏、菜单栏、工具栏、工作区子窗口、编辑子窗口、输出子窗口和状态栏组成，如图 1-9 所示。工作区子窗口一般由 3 个选项卡组成：类视图（ClassView）、资源视图（ResourceView）和文件视图（FileView），当开发控制台程序（Console）时不出现资源视图选项卡。编辑子窗口可以编辑任何形式的文本文件，使用蓝色标识符的为 C 关键字。输出子窗口显示编译信息、连接信息、调试信息和文字查找信息。

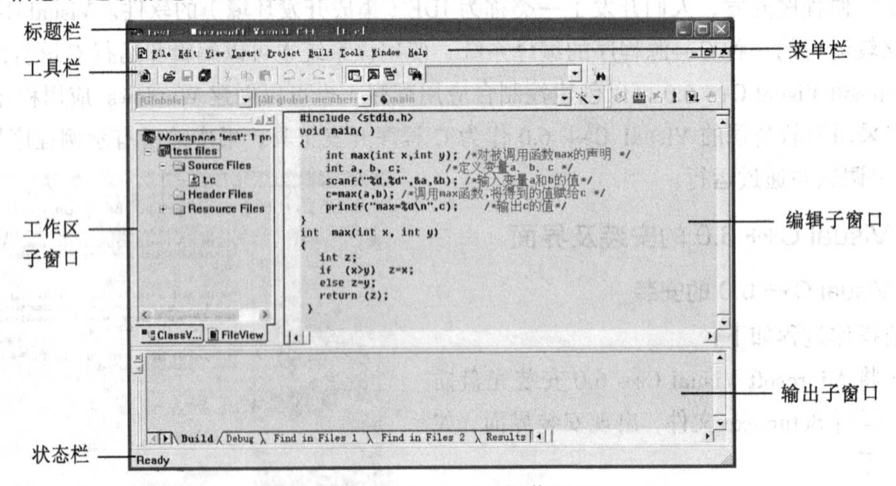

图 1-9 Visual C++ 6.0 操作界面

1.9.2 使用 Visual C++ 6.0 编辑和运行程序

用 Visual C++创建的 C 程序被存储为一个独立工程，每个工程会新建一个文件夹。工程中包含一组文件，这组文件可以具有不同的扩展名，其中部分文件由 Visual C++自动创建。这组文件组合在一起形成一个完整的应用程序。

创建工程的步骤如下：

（1）打开 Microsoft Visual C++。

（2）使用 Microsoft Visual C++不仅可以创建控制台应用程序，而且可以创建 Windows 应用程序，在此选择创建一个控制台应用程序。选择 File→New 命令，弹出 New 对话框，打开 Projects 选项卡，选择 Win32 Console Application 选项，如图 1-10 所示。

（3）单击 Location 文本框右侧的按钮选择保存位置，此时将弹出图 1-11 所示的 Choose Directory 对话框。

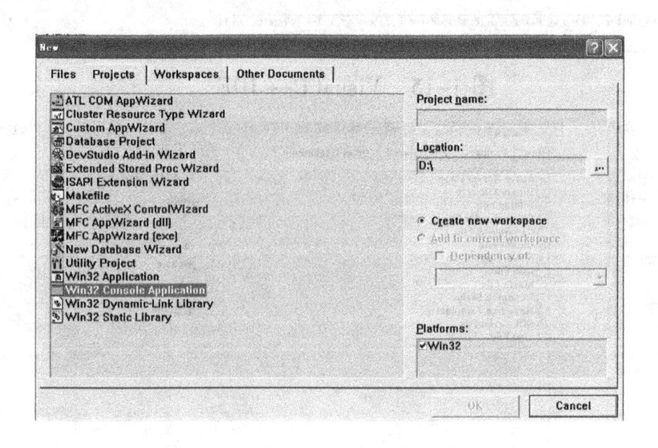

图 1-10　Projects 选项卡

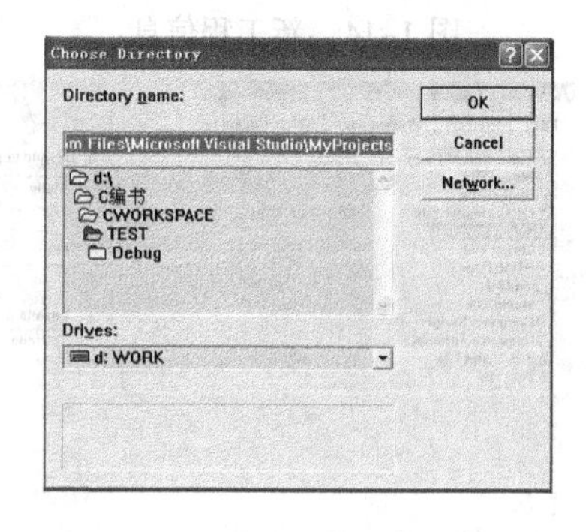

图 1-11　Choose Directory 对话框

（4）在 Project Name 文本框中输入工程名称 Hello，屏幕显示如图 1-12 所示。

（5）单击 OK 按钮，此时将弹出 Win32 Console Application 对话框。选择 An empty project 单选按钮，如图 1-13 所示。

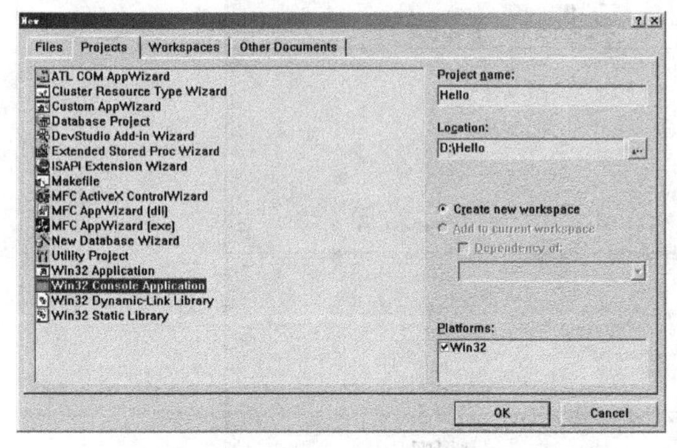

图 1-12　输入工程名称 Hello

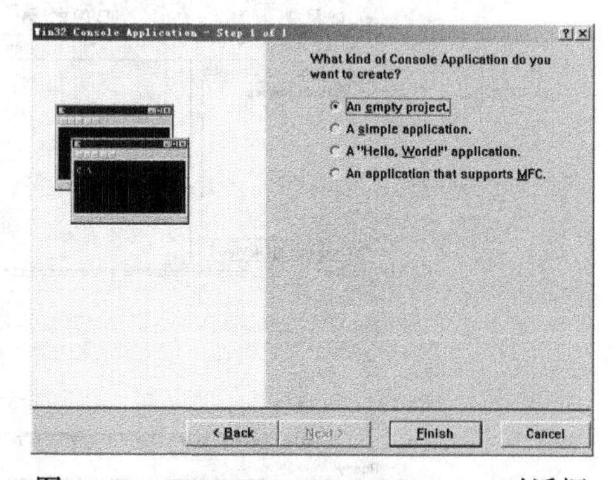

图 1-13　Win32 Console Application 对话框

（6）单击 Finish 按钮，此时将弹出 New Project Information 对话框。此时屏幕提示将创建一个空白控制台应用程序，工程中不包含任何文件。此时对话框如图 1-14 所示。

（7）单击 OK 按钮，将打开图 1-15 所示的 Visual C++ IDE。

（8）选择 File→New 命令，弹出 New 对话框，并打开 Files 选项卡，选择 C++ Source File 选项，如图 1-16 所示。

（9）在 File 文本框中输入文件名 Hello.c，如图 1-17 所示。

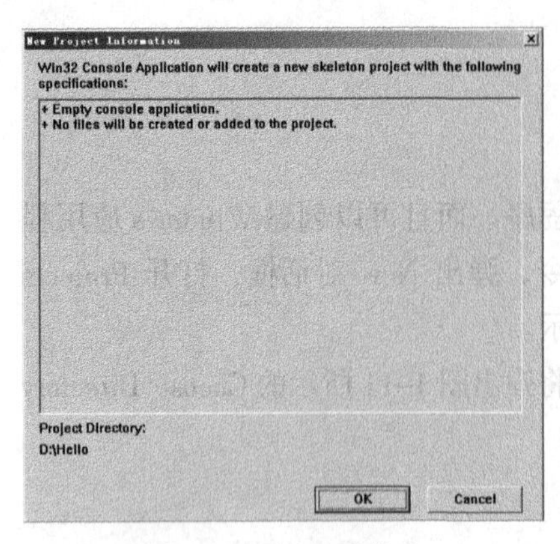

图 1-14　新工程信息

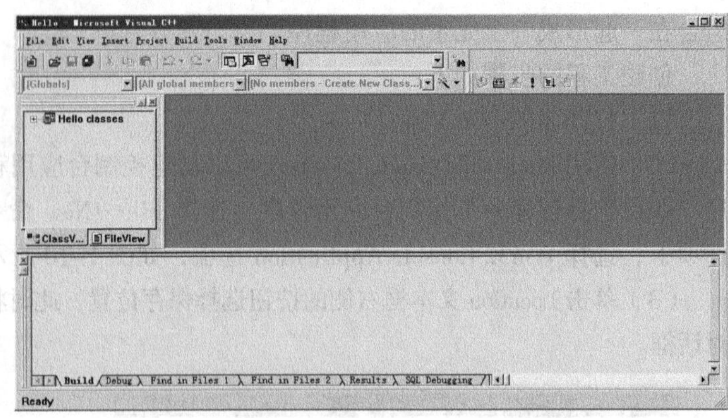

图 1-15　Visual C++ IDE

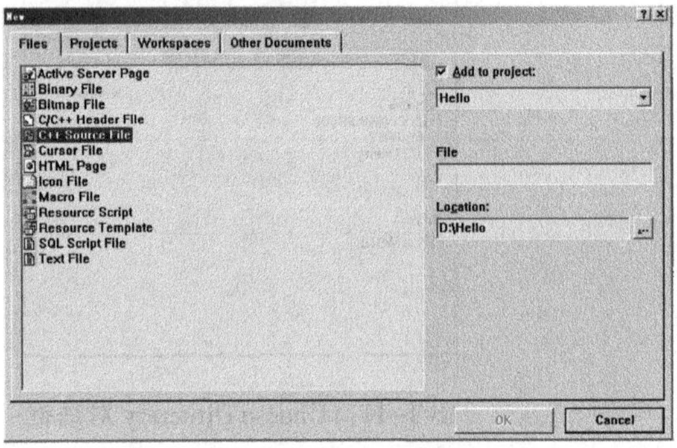

图 1-16　Files 选项卡

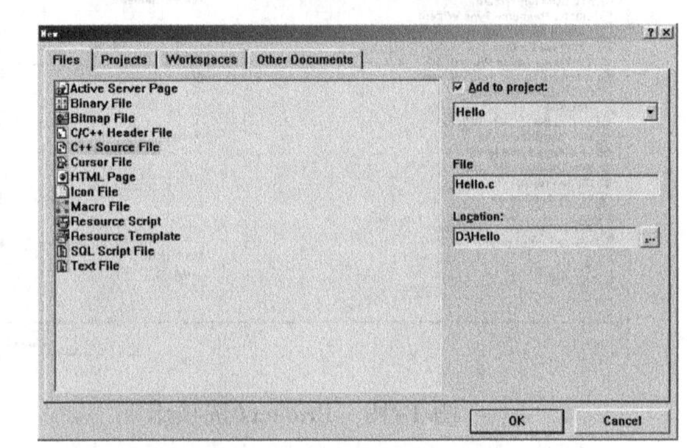

图 1-17　输入文件名

（10）单击 OK 按钮，此时将打开编辑模式下的 Visual C++ IDE，如图 1-18 所示。

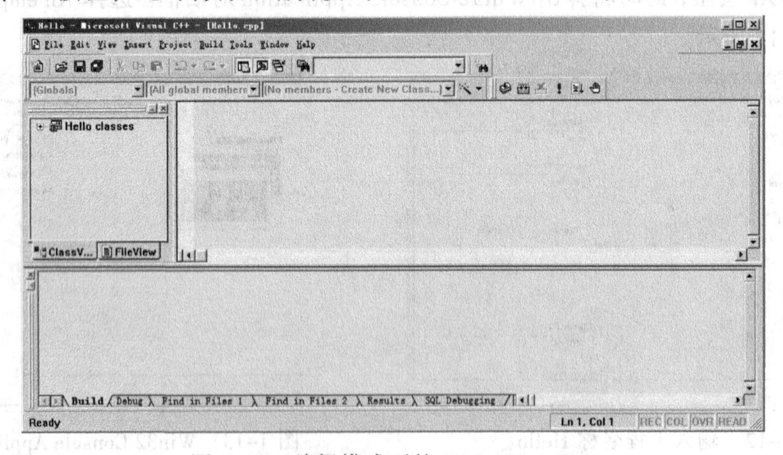

图 1-18　编辑模式下的 Visual C++ IDE

（11）输入示例 1.1 中给出的代码，如图 1-19 所示。

（12）C 程序编辑完成后，需要对其进行编译，选择 Build→Compile Hello.cpp 命令，如图 1-20 所示，或按 Ctrl+F7 组合键。

（13）系统将编译源代码，如果没有错误，屏幕显示如图 1-21 所示。

（14）选择 Build→Build Hello.exe 命令，或按 F7 快捷键。连接成功后，屏幕显示如图 1-22 所示。

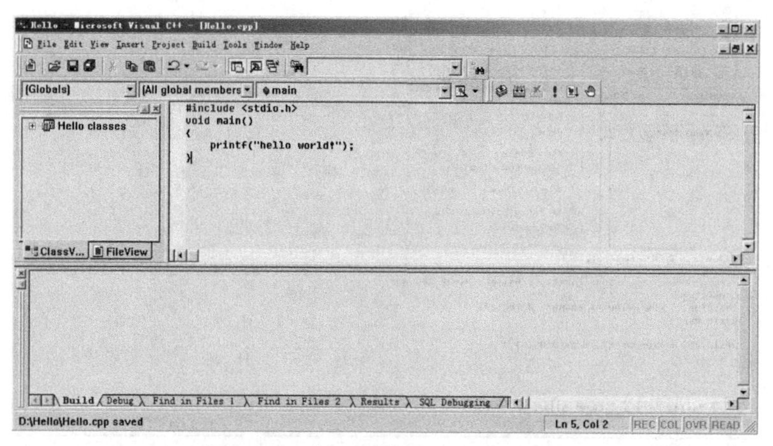

图 1-19　在 IDE 中输入 Hello 程序

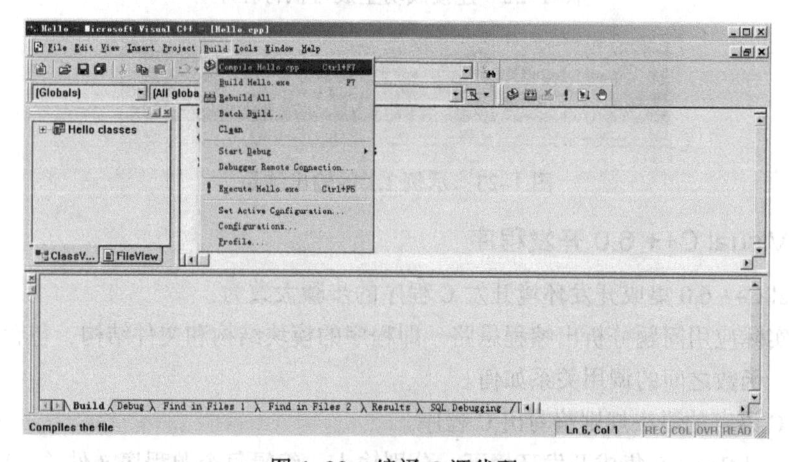

图 1-20　编译 C 源代码

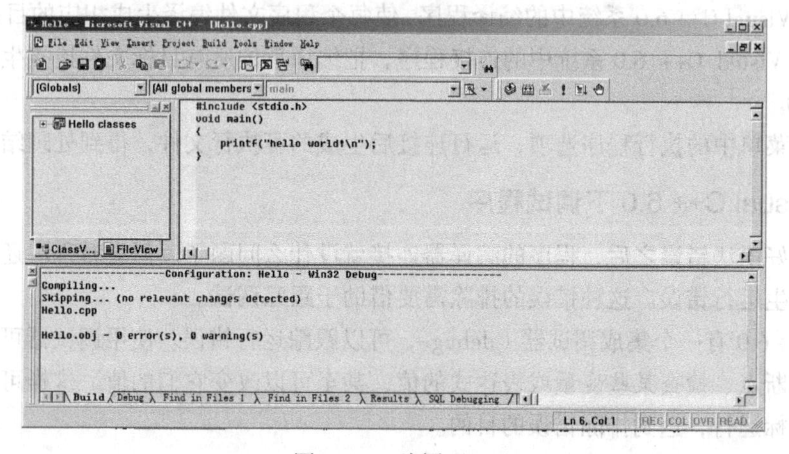

图 1-21　编译通过

（15）连接成功后生成可执行文件，要执行这个可执行文件，应选择 Build→Execute Hello.exe 命令，或按 Ctrl+F5 组合键，输出结果如图 1-23 所示。

（16）查看完输出结果后，按任意键，屏幕恢复到源程序窗口。

（17）执行结束后，可以选择 File→Close Workspace 命令关闭 Visual C++ 6.0。

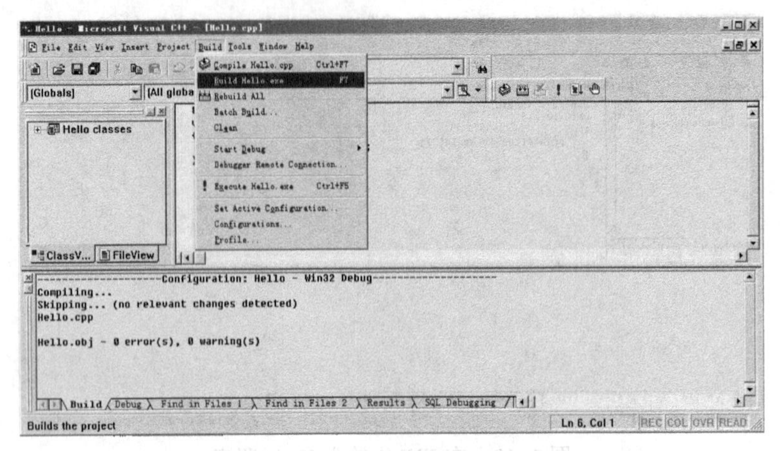

图 1-22　连接成功生成可执行程序

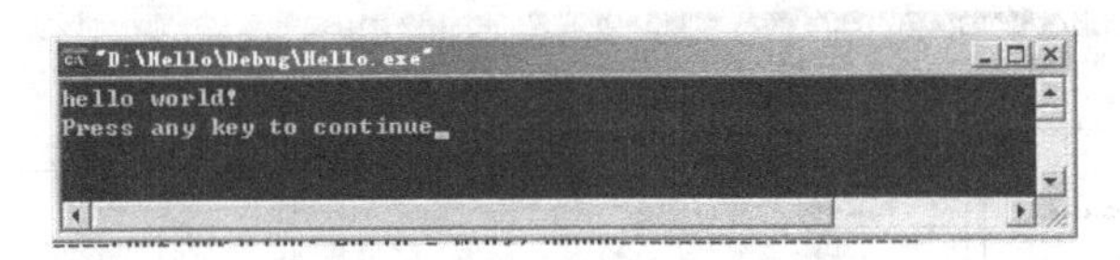

图 1-23　示例 1.1 的输出结果

1.9.3　使用 Visual C++ 6.0 开发程序

利用 Visual C++ 6.0 集成开发环境开发 C 程序的步骤大致为：

（1）根据实际应用问题分析出编程思路，即程序的模块结构和文件结构，包含有哪些函数模块和哪些文件，函数之间的调用关系如何。

（2）按照 C 语言的语法规则编写出 C 程序。

（3）在 Visual C++ 6.0 集成开发环境下，分别输入、编辑每个源程序文件（.c）。

（4）运行 Visual C++ 6.0 系统中的编译程序，使每个程序文件编译生成相应的目标文件（.obj）。

（5）运行 Visual C++ 6.0 系统中的连接程序，把编译后的所有目标文件连接生成一个可执行的文件（.exe）。

（6）选择菜单中的执行程序选项，运行连接后生成的可执行文件，得到处理结果。

1.9.4　在 Visual C++ 6.0 下调试程序

一般修改好语法错误之后，程序的编译器连接就没什么问题了。但有时程序还是不能按要求运行，还会产生运行错误。这种错误的排除需要借助于跟踪调试。

Visual C++ 6.0 有一个集成调试器（debug），可以跟踪运行错误。使用调试器可以单步执行语句、设置暂停断点、检查某些变量或表达式的值，甚至可以改变它们的值。这样可以了解到程序是否按预定目标运行，达到排除错误的目的。

用示例 1.6 演示单步调试的方法。

【示例 1.6】求 1+1.0/2+1.0/3+…+1.0/m 的和。

```
#include <stdio.h>
float func(int x)
{
    int i;
```

```
    float sum=1.0;
    for(i=2;i<=x;i++)
       sum=sum+1.0f/i;
    return sum;
}
void main()
{
    int m;
    float c;
    printf("请输入一个大于 5 的整数值: ");
    scanf("%d",&m);
    if(m>5)
    {
       c=func(m);
       printf("1+1.0/2+1.0/3+......+1.0/%d 的和是:%8.6f\n",m,c);
    }
    else
       printf("输入数值范围不对!");
}
```

程序运行结果：

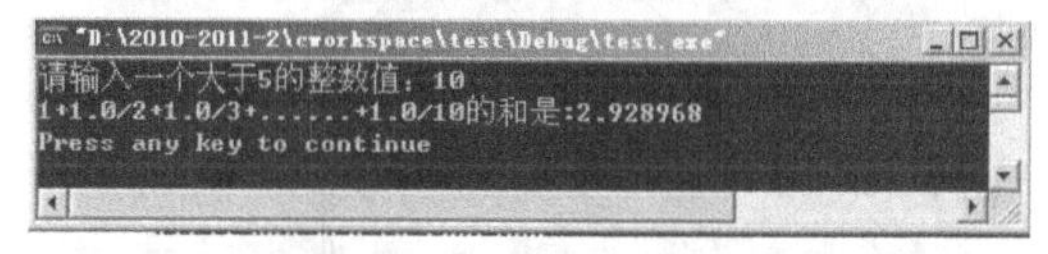

单步调用步骤：

（1）选中当前需要调试的 C 源程序，按 F11 键，弹出图 1-24 所示的对话框，单击“是”按钮。

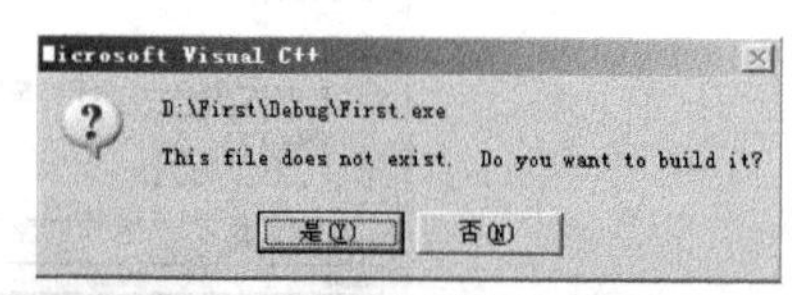

图 1-24　是否进行源程序调试

（2）进入单步调试窗口，开始单步调试，如图 1-25 所示。

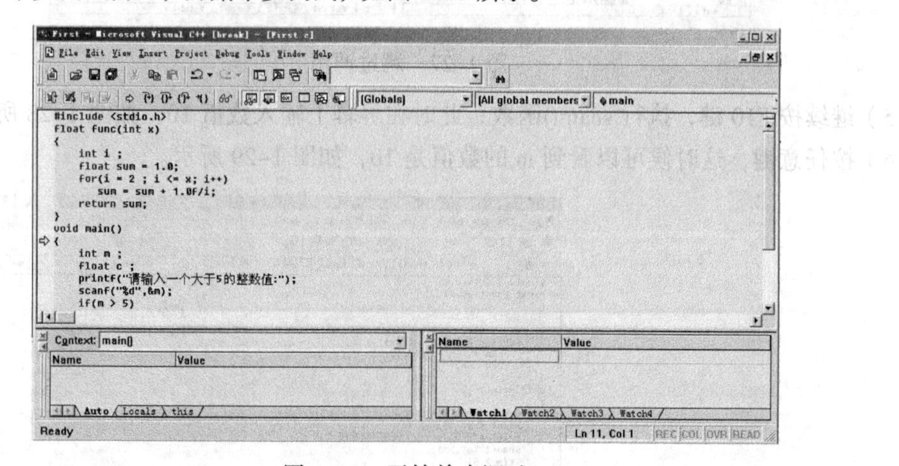

图 1-25　开始单步调试

（3）继续按 F11 键，可以逐条执行语句，同时在 Variables 窗口中显示变量的当前数值，如图 1-26 所示。若没有显示，则按 Alt+F4 组合键（注：打开变量窗口）；由于变量 m 和 c 没有初始化，所以是随机数。

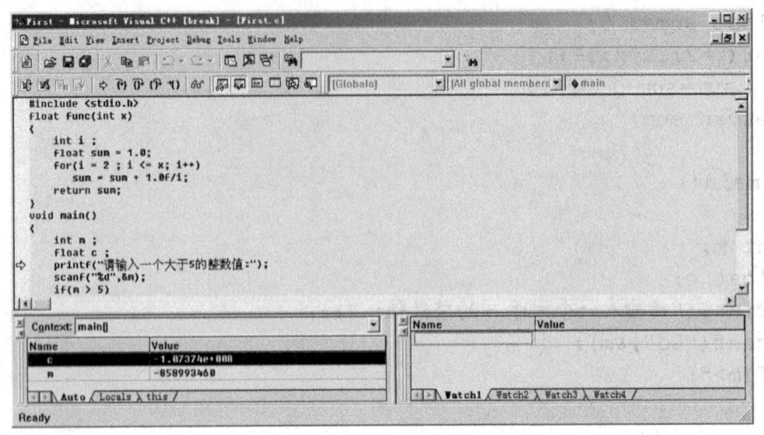

图 1-26 显示变量

（4）如果继续按 F11 键，则进入 printf()函数的语句，显然不合适，可以按 F1 键（注：单步，跳过函数执行），跳过函数调用，如图 1-27 所示。

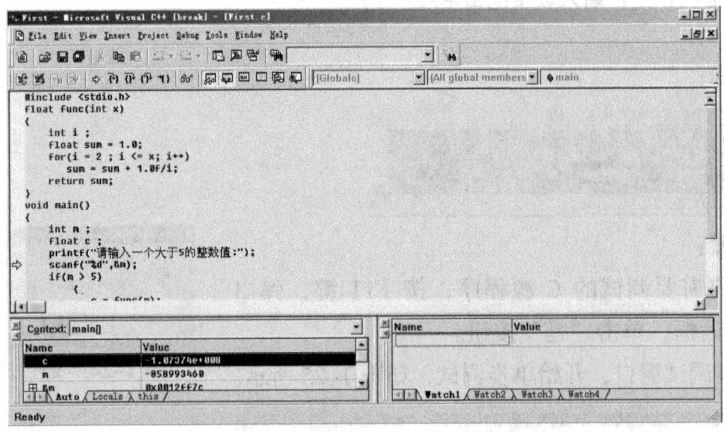

图 1-27 跳过调用

（5）继续按 F10 键，执行 scanf()函数，此时在屏幕上输入数值 10，如图 1-28 所示。

（6）按任意键，这时候可以看到 m 的数值是 10，如图 1-29 所示。

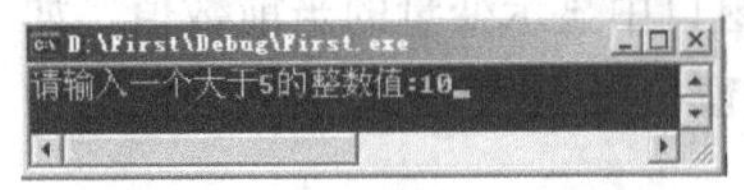

图 1-28 执行 scanf()函数

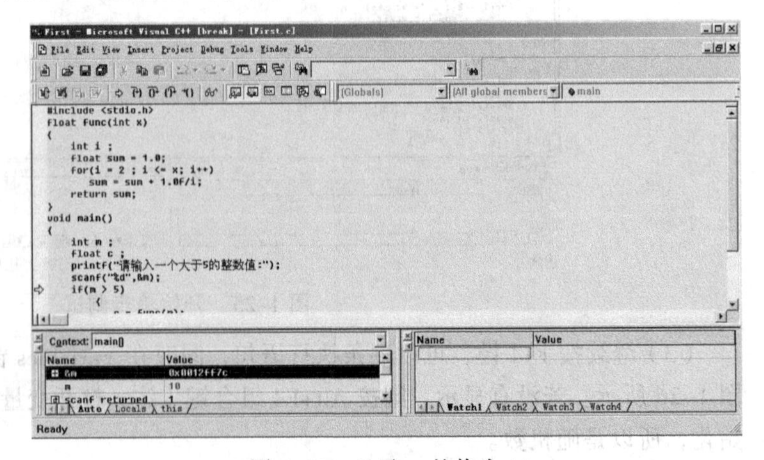

图 1-29 显示 m 的值为 10

（7）按 F10 键，执行 func()函数调用，按 F11 键，进入 func()函数内部，如图 1-30 所示，可以看到形实参数的结合是正确的。

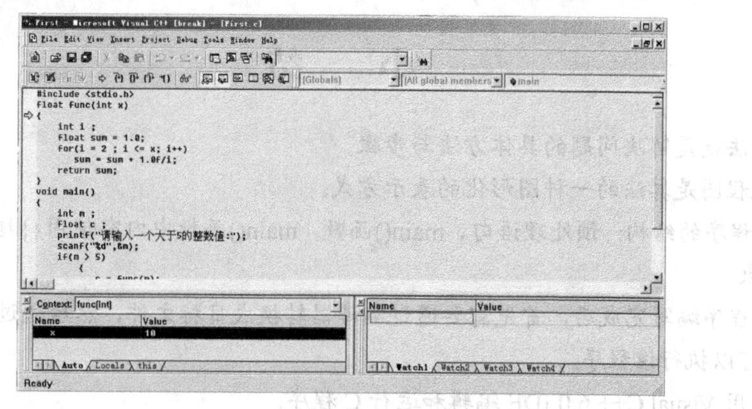

图 1-30　调试 func()函数

（8）下面有一个循环，为了加快调试速度，移动光标到循环体的下一条语句，按 Ctrl+F10 组合键，一步运行到光标处，如图 1-31 所示。

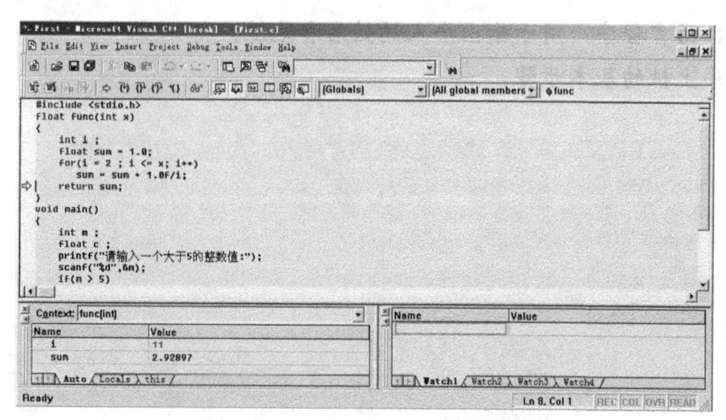

图 1-31　一步运行到光标处

（9）继续按 F10 键，退出 scanf()函数，返回主函数 main()，可以看到变量 c 是正确的，如图 1-32 所示。

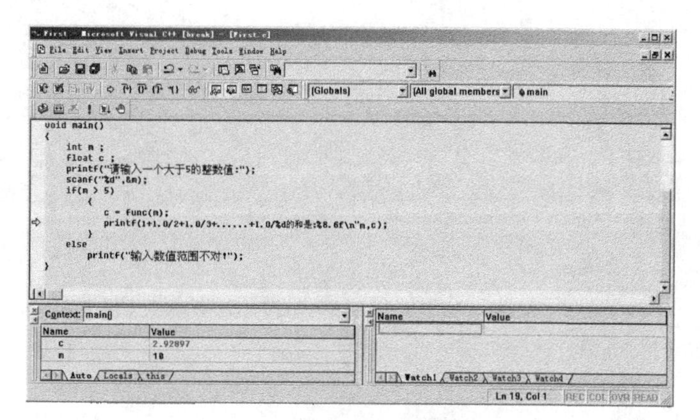

图 1-32　func()函数调用正确

（10）达到调试目的可以按 F5 键（执行到断点处），一步执行下面所有语句，完成程序的执行，也可以按 Shift+F5 组合键终止调试。

小　结

（1）算法就是解决问题的具体方法与步骤。

（2）流程图是算法的一种图形化的表示方式。

（3）C 程序的结构：预处理语句、main()函数，main()函数中内容使用{}括起来，每条语句必须以分号结束。

（4）C 程序编写完成后，首先需要通过编译器转换成目标文件，然后通过连接创建可执行程序，最后才可以执行该程序。

（5）使用 Visual C++ 6.0 IDE 编辑和运行 C 程序。

作　业

1. 编写一个 C 语言程序，用于输出个人的姓名和地址。
2. 简述 C 程序上机的基本步骤。

第 2 章　变量、数据类型和运算符

学习目标：

- 熟悉常用的数据类型。
- 理解变量和常量的含义。
- 熟练掌握数据类型之间的转换。
- 理解表达式并掌握常用运算符的用法。
- 理解运算符的优先级。

完成任务：

定义学生成绩管理系统需要的变量。

2.1　变量、数据类型和运算符应用的必要性

大家可以想一下，现实生活中，有哪些信息可以用计算机进行管理呢？教师、学生、工资、商品……现实中实现用计算机管理的信息已是无数。那么所有的这些信息，在计算机里都是以什么样的形式表示呢？因为同学们已经学习过“计算机基础”这门课程了，不难回答出计算机中表达信息的方式就是二进制数。但是二进制数对于我们来说使用比较复杂，所以一定有新的形式来表示这些信息。我们把信息归结为这样两大类：数值和字符，这两类信息实际上就组合成了计算机语言。

通常情况下，在学习一门语言时，学习的顺序首先是学习字，再由字组合成词汇、词汇组合成句子、句子组合成段落、段落组合成文章。同样，在学习 C 语言时必须首先了解它的基本元素（见图 2-1），然后才能按照特定的规则编写出相应的程序。

C 语言的词汇是由标识符、关键字、常量、变量、运算符等基本元素构成的，它们用于创建一些语句，进而创建程序。

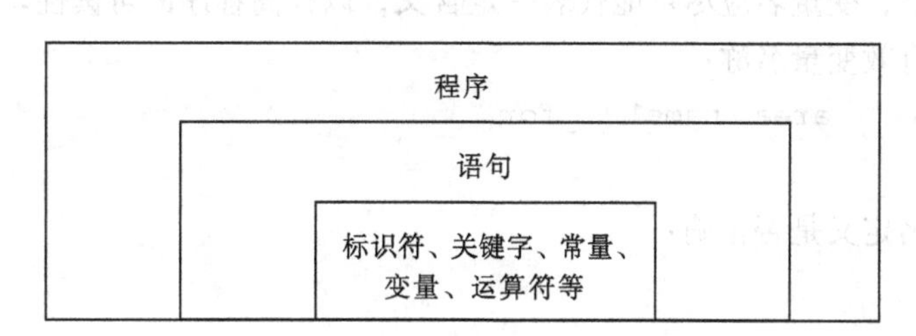

图 2-1　C 语言中的基本元素

2.2 常　　量

所谓常量，是指在程序运行的整个过程中其值始终保持不变的量。在C语言中常量分为数值常量和字符常量两大类。从另一个角度划分，常量可分为直接常量和符号常量。直接常量可以直接看出其类型和值，如1、–15、12.3、'a'。符号常量从字面上不能直接看出其类型和值（后续章节会讲到），通常用一个标识符来代表。

常量用于定义如下特点的数据：

（1）在程序中保持不变。

（2）在程序中频繁使用。

2.3 变　　量

程序在运行过程中除了使用常量外，在编写程序时，常常需要将从外部或内部接收到的数据存储在内存中，以方便存储、使用及修改这个数据的值，通常使用变量来进行。

2.3.1 变量的概念

所谓变量，是指在程序运行过程中，其值可以改变的量。例如：计算圆的面积的C语句：area = 3.14*r*r；语句中的area和r都是变量，其中，r可以有不同的值，area的值因r的值变化而变化。

变量具有3个特征：名称、类型和值。同时，在C语言中，对所有的变量均要求“先定义，后使用”。

1. 变量的名称

变量的名称（也叫变量名）是在定义变量的时候给出的。在C语言中变量的命名规则：

（1）可以由字母（大写A ~ Z或小写a ~ z）、数字（0 ~ 9）和_（下画线）3类信息组合而成。

（2）不能包含除_以外的任何特殊字符，如%、逗号、空格等。

（3）必须以字母或_（下画线）开头。

（4）C语言中的具有特殊意义的词（例如int、float、double等）称为保留字或关键字，不能用做变量名。

（5）C语言区分大小写，因此TEST和test是两个不同的变量。

（6）变量名的长度一般不受限制，但许多系统只取前8个字符视为有效。

（7）通常情况下，变量名应尽可能代表一定含义，以提高程序的可读性。

例如，以下是有效变量名称：

```
Test   _a    area  name1   _for
```

现场练习1：

判断以下变量名定义是否正确：

```
123rate
A  b
%test
False
```

```
_false
for
switch
Ab
```

2. 变量的类型

变量有类型之分。因为不同类型的变量占用的是在定义变量的时候给出的，因此每个变量都有而且是必须有一个确定的类型。

3. 变量的值

变量可以存放值，程序运行过程中用到的变量必须有确切的值，变量在使用前必须赋值，变量的值实际上是存储在内存中。在程序编写时，通过变量名来引用变量的值。值得注意的是，变量名和变量值这两个概念的区别。

例如：

```
int x=123;
```

其在内存中的存储情况如图 2-2 所示。

在程序运行过程中，从变量 x 中取值，实际上是通过变量名 x 找到相应的内存地址，从其内存单元中把数据 123 取出。所以说，想用变量的值，只写变量名就可以。

图 2-2　内存中 int x = 123;的存储情况

2.3.2　变量的定义与初始化

1. 定义变量

定义并非是执行语句，目的是给内存单元中预留一定位置，以备将来使用。

变量定义的一般语法：

```
数据类型 变量名 1[,变量名 2, 变量名 3, …, 变量名 n];
```

例如：

```
int a;
int m,n;
float x,y,z;
char test;
```

进行变量定义时，应注意以下几点：

（1）数据类型是 C 语言中的数据类型之一，变量名必须符合变量名的命名规则。

（2）允许在一个数据类型后定义多个变量名，各变量名之间用逗号“,”隔开。

（3）最后一个变量名后必须以分号“;”结束。

（4）在同个程序是变量名不允许重复定义。

2. 变量的初始化

初始化也就是赋值。一种是在定义变量时就直接给变量初始化（赋值）；另一种是定义变量后，用到此变量时再进行初始化（赋值）。

（1）在定义变量时，直接初始化语法：

```
数据类型 变量名 1=变量值 1[,变量名 2=变量值 2,…, 变量名 n=变量值 n];
```

其中，变量值是为此变量名指定的值。

（2）定义变量后，初始化变量语法：

```
数据类型 变量名1[,变量名2,变量名3,…,变量名n];
变量名1=变量值1[,变量名2=变量值2,…, 变量名n=变量值n];
```

或

```
变量名1=变量值1;
变量名2=变量值2;
   …;
变量名n=变量值n;
```

其中，给变量名一个直接的值外，还可以通过计算获得，所以变量值还可以是加、减、乘、除等运算。如：a+b。

例如：

```
int m=3,n=5;                    /*定义变量时直接赋值*/
float b,c;
b=10.2,c=5.3;                   /*先定义变量，然后再给变量赋值*/
char ch='a';                    /*定义变量时直接赋值*/
double sum ;
sum=3.6+1.2;                    /*先定义变量后赋值，变量的值为加的运算*/
```

2.4 基本数据类型

在C语言中，信息又称数据。可对C语言中的数据类型进行图2-3所示的划分。

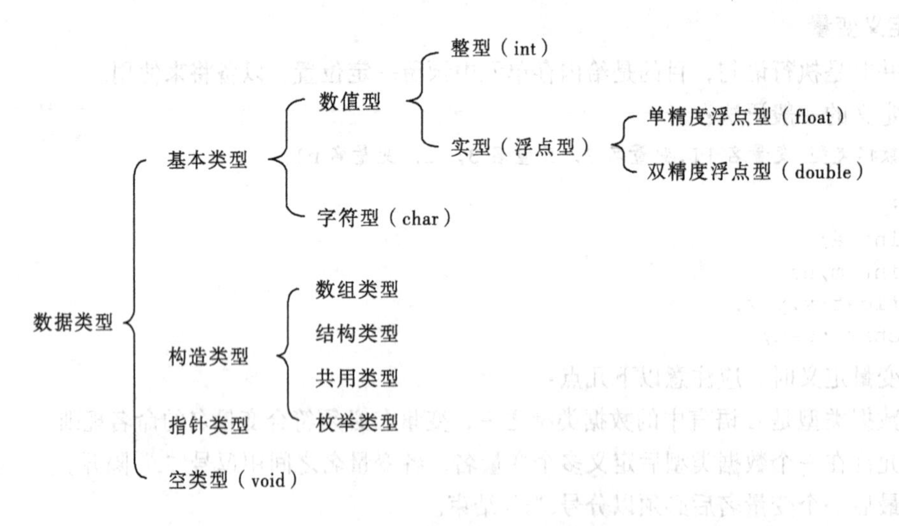

图2-3 C语言中的数据类型

2.4.1 整型

在C语言中，可以使用三种不同进位制可以表示整型数据。它们是：

（1）十进制数：例如，13、–15、0等。

（2）八进制数：八进制的书写方法是在数字前加一个数字0，例如，015、–013等。

（3）十六进制数：十六进制的书写方法是在数字前加一个0x，例如，0x0、–0xaf等。

在编写程序过程中，通常用十进制数。

整型数据在内存中一般使用两个字节的长度。所以，无论是十进制、八进制还是十六进制数，它们的数值的取值范围都是十进制的–32 768~+32 767。

为了扩大整型数据的取值范围，C 语言提供了一种长整型。长整型在计算机内存中占用 4 个字节，相应的取值范围扩大到–2 147 483 648~+2 147 483 647。长整型的书写方法是在数字的末尾加上一个字母 L（或小写的 l）。例如：15L、0121 等。

根据存储数据的有效范围，将整型数据类型划分有 3 种： int、short int 和 long int。不同类型的机器对整型数据类型所分配的长度不尽相同，本书以 16 bit 机器为例，int 数据类型的位数为 16 位，short int 数据类型的位数为 16 位，而 long int 数据类型的位数为 32 位。

根据数据存储时是否有符号形式，又可把各种整型分为有符号型和无符号型两种。有符号整型需要在这些类型之前加上关键字 signed，无符号整型需要在这些类型之前加上关键字 unsigned，无符号数据类型要以字母 u 或 U 结尾，如 12u 或 12U；无符号长整型要以字母 ul 或 UL 结尾，如 123456789ul 或 123456789UL。默认情况下整型表示有符号型。

通常情况下，在使用 short int 和 long int 时，int 关键字可以省略，可以分别缩写为 short 和 long。表 2–1 总结了 C 语言中各种整型类型的类型说明符及其位数和范围。

表 2–1　C 语言中的整型数据类型

名　称	全称类型说明符	缩写类型说明符	位　数	范　　围
整型	int	int	16 位（2 字节）	–32 768～+32 767
无符号整型	unsigned int	unsigned	16 位（2 字节）	0～+65 535
短整型	short int	short	16 位（2 字节）	–32 768～+32 767
无符号短整型	unsigned short int	unsigned short	16 位（2 字节）	0～65 535
长整型	long int	long	32 位（4 字节）	–2 147 483 648～+2 147 483 647
无符号长整型	unsigned long int	unsigned long	32 位（4 字节）	0～4 294 967 925

整型变量可按如下方式声明：

```
int page,area,number;
long int sum;
unsigned int age;
```

可按如下方式初始化：

```
page=100;                              //前面已经定义，在此进行初始化
int weight=50;                         //定义一个变量直接初始化
```

signed int 和 unsigned int 的区别在于对数据的最高（二进制）位解释的不同。对于有符号的数据，其最高位是符号位，而对于无符号数据来说，最高位是可以存储数据的。因此，在存储位数不变的情况下，无符号数据的取值范围大了一倍。

C 语言中的整数取值范围是很有限的，应用时要注意变量的取值不要超过允许的范围，即所谓的溢出问题。有符号的整型变量值超过其最大整数时，自动转到其负数的最大绝对值开始计数。如果是负数超过其最大绝对值，便从最大正数开始计数。无符号整型变量值超过其最大数时，从零开始计数。

例如：

```
int num1=32767 ;
int num2=-32768;
unsigned int num3=65535;
```

如果将这 3 个变量分别加 1、减 1 和加 1，便会发生溢出，相应的结果分别为：

```
num1=32767+1;                //num1 的结果是-32768
num2=-32768-1;               //num2 的结果是 32767
num3=65535+1;                //num3 的结果是 0
```

在程序设计中要避免发生的溢出问题，将使程序得到不正确的计算结果。

2.4.2 实型

整型数据类型只能存储整数数据，而无法存储小数。在 C 语言中，用实数也称为浮点数来表示一种带小数点的数。实型数据类型也称为浮点数据类型。根据存储数据的有效范围分为单精度实型（即 float 数据类型）和双精度实型（即 double 数据类型）两种。

1. 实型分类

单精度实型（浮点型）：单精度符号实型在内存中占 4 字节（32 位）空间，其取值范围为 10^{-38}～10^{38}，提供 7 位有效数字。例如：1.2345679 中的最后两位是无效的。

双精度实型（浮点型）：双精度符号实型在内存中占 8 字节（64 位）空间，其取值范围为 10^{-308}～10^{308}，可见其存储空间比 float 数据类型大很多。表示双精度数据的后缀是 l 或 L。

2. 实型的两种表示方式

（1）十进制小数形式：这是最普遍的表示方式。

（2）指数形式：由数字部分、小写字母 e（或大写字母 E）和作为指数的整数组成。例如，要将 2563.153 写成指数形式，可以有多种形式：2563.153e0、256.3153e+1（256.3153×10）、2.563153e+3（2.563153×10^3）等。其中 e 后不能有负数，而且必须为正整数。其中的 2.563153e+3 称为“最规范化的指数形式”。一个实数在按指数格式输出时，是按规范化指数形式输出的。

值得注意的是，实型常量默认为 double 型，若有后缀 F（或 f），则为 float 型。

表 2-2 总结了 C 语言中两种实型类型的类型说明符、位数、范围和有效位数。

表 2-2　C 语言中的实型数据类型

名　称	全称类型说明符	位　数	范　　围	有效位数
单精度实型	float	32 位（4 字节）	3.4E-38～3.4E+38（10^{-38}～10^{38}）	6～7
双精度实型	double	64 位（8 字节）	1.7E-308～1.7E+308（10^{-308}～10^{308}）	15～16

下面是两个定义实型变量语句的例子：

```
float  f1;
double d2;
```

对于变量 f1 和 d2，可以给这两个变量赋值为：

```
f1=12.3456;
d2=123.456789e+9;
```

如果用单精度变量存储数据 123.456789e+9，显然数据的精度得不到保证，这样会给程序带来错误的计算结果。

2.4.3 字符型

用于存储数值的数据类型（整数和小数）我们已经学习过了，另外还经常会遇到需要存储并操作字符型数据的情况。例如，网站上注册个人信息时，需要在性别一栏填写'm'或'f'来表示男和女，这时需要使用一种可以存储单个字符数据的数据类型。C 语言中提供了一种 char 数据类型，可以满足这种需要。

字符型用关键字 char 表示，用于存储字符或数值，如表 2-3 所示。

表 2-3 C 语言中字符数据类型

名　　称	全称类型说明符	位数（bit）	范　　围
字符型	char	8 位（1 字节）	-128～+127
无符号字符型	unsigned char	8 位（1 字节）	0～225

一个字符变量只能存储一个字符，它是以该字符的 ASCII 码值存储的，并占一个字节的宽度。例如，字母 a 的 ASCII 码（见附录 B）是 97，在变量的内存中存储的就是 97。这与变量存储了一个整数 97 是一样的。正因为如此，字符型变量和整型数变量之间可以相互通用。

例如：

```
char c1='A',c2='a';
```

该语句表明在内存中分别开辟了一个字节的空间，分别用来存储字符变量 c1 和 c2 的 ASCII 码，则在相应于变量 c1 和 c2 的内存单元分别存入了 65 和 97。

2.4.4 字符串

字符串常量简称为字符串。字符串不是一种数据类型，它是用双引号括起来的一串字符。

例如：

```
"abc123"   "d"   "123"   "5"
```

等都是字符串常量。字符串中的字母是区分大小写的。如"B"和"b"是不同的字符串。组成字符串的字符个数称为字符串长度。

如果字符串中含有转义字符，则每个转义字符当作一个字符看待。

2.5 表达式和运算符

2.5.1 表达式

学习了常量和变量之后，在 C 语言中把变量和（或）常量与符号的组合称为表达式，例如：num1+num2 或 year>12。

2.5.2 运算符

在解决实际问题时不仅要考虑需要哪些数据，还要考虑对数据的操作，以达到解决问题的目的，因此运算符和表达式也是程序设计中首要考虑的基本问题。

运算符也称操作符，是一种表示对数据进行何种运算处理的符号。C 的编译环境通过识别这些运算符，完成各种算术运算和逻辑运算。每个运算符代表某种运算功能，每种运算功能有自己的运算规则，如运算的优先级、结合性、运算对象和个数，以及运算结果的数据类型都有明确的规定。

对于每个运算符都应从两方面进行掌握：运算符的优先级和运算符的结合性。运算符的优先级指多个运算符用在一起运用时先进行什么运算，后进行什么运算；而运算符的结合性是指运算符所需要的数据是从左边开始取还是从右边开始取，所以会有“左结合性”和“右结合性”的说法。

C语言中运算符十分丰富而且应用非常广泛，可以按功能和运算对象的个数来对运算符分类。

1. 运算符按照其功能分类

运算符可按其功能大致分为5类：算术运算符、关系运算符、逻辑运算符、位运算符和特殊运算符。

（1）算术运算符：+ - * / % ++ --

（2）关系运算符：< <= == > >= !=

（3）逻辑运算符：! && ||

（4）位运算符：<< >> ~ | ^ &

（5）赋值运算符：= 复合赋值运算符（+= -= *= /= %=）

（6）条件运算符：?:

（7）逗号运算符：,

（8）指针运算符：* &

（9）求字节数：sizeof

（10）强制类型转换：(类型标识符)

（11）分量运算符：. ->

（12）下标运算符：[ ]

（13）其他：() -

2. 运算符按照其连接运算对象的个数分类

运算符可按其运算对象的多少分为单目运算符、双目运算符和三目运算符。

（1）单目运算符（仅对1个运算对象进行操作）。

```
! ~ ++ -- -（取负号） （类型标识符） * & sizeof
```

例如，求负数为单目运算（-）：-5

（2）双目运算符（对2个运算对象进行操作）。

```
+ - * / % < <= == > >= != && || << >> | ^ & = 复合赋值运算符
（+= -= *= /= %=）
```

例如，加法为双目运算符（+）：3+4。

（3）三目运算符（对3个运算对象进行操作）。

```
?:
```

例如，a>b ? a:b。

如果a>b，则值为a，否则值为b。

（4）其他。

```
() [ ] . ->
```

2.5.3　算术运算符

C 语言中的算术运算符包括了常规的用于计算的加、减、乘、除，另外还增加了同个新成员。表 2-4 列出了 C 语言中的各种算术运算符，其中，num1 和 num2 为操作数，它们可以为变量、常量和表达式。

1．基本算术运算符在使用过程中的注意事项

（1）除法运算符“/”的运算结果与其运算对象的有关。

如果运算符的两侧都是整数，则经过运算符“/”的运算结果为整数。因为在数学中两个整数相除后结果可能会是小数，结果就为实际得到的值，但是在 C 语言当中会把小数部分舍去，只保留整数部分。

例如：

```
5/3 的结果为 1
2/3 的结果为 0
```

以上经过运算得到的结果是 C 语言识别的，但是与数学中是违背的。

如果运算符的两侧，其中一个为负数，另一个为正数，则一般采用“向零取整”的原则，即按其绝对值相除后再加上负号。

表 2-4　C 语言中的各种算术运算符

算术运算	算术运算符	描　述	表 达 式
加法	+	用于执行加法运算	num1+num2
减法	-	用于执行减法运算	num1-num2
乘法	*	用于执行乘法运算	num1*num2
除法	/	用于执行除法运算	num1/num2
取余	%	用于执行除法运算并获得余数	num1%num2
自增	++	用于将操作数递增 1	num1++或++num1
自减	--	用于将操作数递减 1	num1--或--num1

（2）如果运算符的两侧只要有一个实数，则运算结果就是实数。

例如：

```
5.0/2 的结果为 2.500000
5/-2.0 的结果为-2.500000
```

以上经过运算得到的结果是 C 语言识别的，与数学中结果一致。

（3）在进行除法运算时，除数不能为 0。如果除数为 0，则会导致致命的错误而使程序以失败终止。

（4）求余运算符“%”。在 C 语言中规定，其运算对象都必须为整数，但对于整数的正负不做限制，但最取余的结果的正负取决于“%”运算符左侧的对象，左侧对象为正，取余结果为正；“%”运算符左侧的对象为负，取余结果为负。

例如：

```
3%9 的结果为 3
5%-3 的结果为 2
-5%3 的结果为-2
-5%-3 的结果为-2
```

（5）基本算术运算符的优先级。基本算术运算符的优先级从高到低为：

-（取负）⟶ *（乘法）、/（除法）、%（求余数）⟶ +（加法）、-（减法）

乘法、除法和求作余数的运算优先级相同，加法、减法的运算优先级相同。

（6）基本算术运算符的结合性。基本算术运算符的结合为自左至右。

例如，对于以下式子：

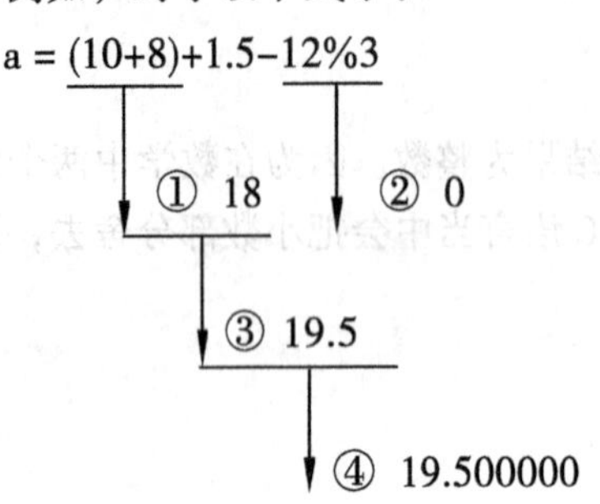

运算时将按①②③④所示顺序进行。有括号先运算括号内，没有括号先计算乘法、除法，求余数后计算加法、减法。

【示例 2.1】基本算术运算符使用实例。

```
#include <stdio.h>
void main()
{
    float a,b;
    float sum,sub,mul,div;
    a=7.5;
    b=3;
    sum=a+b;
    sub=a-b;
    mul=a*b;
    div=a/b;
    printf("sum=%f\n",sum);
    printf("sub=%f\n",sub);
    printf("mul=%f\n",mul);
    printf("div=%f\n",div);
    printf("rem=%d\n",5/-2);
}
```

程序运行结果：

```
"C:\Documents and Settings\Administrat
sum=10.500000
sub=4.500000
mul=22.500000
div=2.500000
rem=-2
Press any key to continue
```

现场练习 2：

写出下列表达式运算后的结果：

8/2 的结果为________

16.0/–2 的结果为________

3+2.6 的结果为________

23.0–12.5 的结果为________

12%5 的结果为________

–5%4 的结果为________

2. 自增与自减运算符

在 C 语言中有两个特殊的算术运算符，即自增、自减运算符（++和--）。这两个运算符都是单目运算符，它们既可以放在运算符对象之前，也可以放在运算符对象之后，而运算符对象只能是整型。

++运算符用于将运算对象递增 1，因此，num++等同于表达式 num = num+1。

--运算符用于将运算对象递减 1，因此，num--等同于表达式 num = num–1。

还可以把++和--放在运算符对象之前，运算符在表达式中的位置对于运算值有影响。

num2 = ++num 等同于表达式 num = num +1；num2 = num；

num2 = --num 等同于表达式 num = num +–1；num2 = num。

通常情况下，把++和--运算符号放在运算对象之前叫做前缀自增和前缀自减，把++和--运算符号放在运算对象之后叫做后缀自增和后缀自减。通过表 2-5 可以理解前缀和后缀自增/自减运算符。

表 2-5　自增与自减运算符

表 达 式	运 算 过 程	结果（假设 n1 的值为 3）
n2 = ++n1;	n1 = n1+1; n2 = n1;	n1 = 4;　n2 = 4;
n2 = n1++;	n2 = n1;n1 = n1+1;	n2 = 3;　n1 = 4;
n2 = --n1;	n1 = n1–1; n2 = n1;	n1 = 2;　n2 = 2;
n2 = n1--;	n2 = n1;n1 = n1–1;	n1 = 3;　n2 = 2;

使用自增与自减运算符应注意以下几点：

（1）自增、自减运算符的对象只能是简单变量，不能是常量或带有运算符的表达式。例如：3++、--(a = 2)等都是错误的。

（2）自增、自减运算符的结合性为：放在运算对象之前为自右向左，放在运算对象之后为自左向右。例如：x =–y++ 等价于 x = –(y++)，这个表达式的意思是先用 y 的变量当前值加负号赋给 x，而后 y 再加 1。

（3）如果两个运算符之间连接出现多个运算符，则在 C 语言采用“最长匹配”原则。

（4）自增、自减运算符可以提高程序的执行效率。

【示例 2.2】自增、自减运算符使用实例。

```
#include <stdio.h>
void main()
{
    int a,b,c,d;
    a=3;
    b=3;
    c=a++;
    d=++b;
    printf("a=%d,b=%d\n",a,b);
    printf("c=%d,d=%d\n",c,d);
}
```

程序运行结果：

```
a=4,b=4
c=3,d=4
Press any key to continue
```

2.5.4 数据间的混合运算与类型转换

1. 数据间的混合运算

整型、实型都是数值型的数据，毫无疑问它们之间可以进行混合运算。C 语言中字符型和整型可以通用。因此，在 C 语言中整型、实型和字符型的数据可以混合运算。

例如：

```
12*'a'+50%8+'0'
```

在 C 语言中是合法的表达式。字符型数据以它对应的 ASCII 码值参加计算，上面的表达式相当于：

```
12*97+2+48
```

2. 数据类型的转换

在表达式中运算符所处理的对象的数据类型不可能都是同一类型。当遇到两种不同数据类型的数值进行运算时，会将某个数进行适当的类型转换。

数据类型转换分为两种：

（1）自动类型转换，是系统自动完成的转换过程。

自动类型转换的基本原则是在表达式中把表示范围小的数据类型转换到表示范围大的数据类型的值。按 C 语言中规定，几个数值类型转换的排列顺序从小到大是：

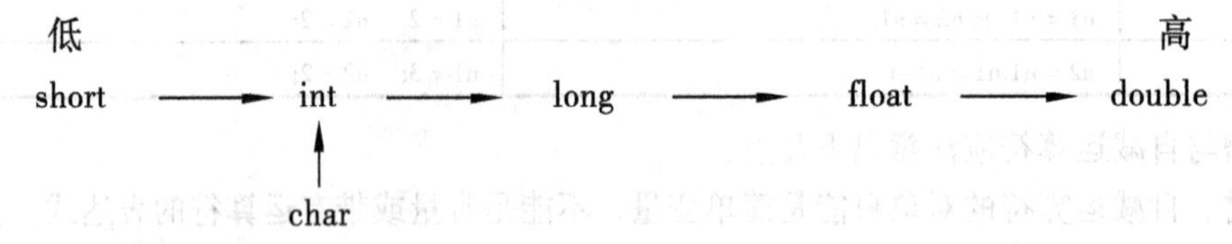

自动类型转换通常发生在不同数据类型的混合运算过程中，由编译系统自动完成。一般遵循以下规则：

① 以数据类型范围最大的为准，如 int 型和 long 型进行运算，编译系统会先把 int 型转换成 long 型后再进行运算。

② 所有有实数参与的运算都是以双精度进行的，编译系统会把所有参与运算的数据类型先转换为 double 型后，再进行运算。

③ char 型和 short 型参与运算时，必须先转换成 int 型。

（2）强制类型转换。自动类型转换尽量使程序更加合理，但有时它并不能满足人们的所有要求。有时根据需要有必要把某个表达式的数据类型进行转换，这就需要进行强制类型转换。

语法：

```
(数据类型)(表达式)
```

其功能是把表达式的运算结果强制转换成指定的数据类型。

例如：

```
int a=36;
double b;
b=(double)(a);
```

输出 b 的结果为 36.00000。

使用强制类型转换应注意以下几点：

① 强制类型转换形式中的表达式一定要括号括起来，否则仅对紧跟强制类型转换运算符最近的数据进行类型转换。

例如：

```
(int)a+b                         //将变量 a 转换成整型再与 b 相加
(int)(a+b)                       //将 a+b 的值转换整型
(double)(a)/5                    //等价于(double)a/5
```

② 强制类型转换的结果是一个指定类型的值，而原来变量的类型及值并没有改变。

例如：

```
float d=3.5;
int a;
a=(int)d;
```

输出 d 的值为 3.500000，d 的数据类型是 double；输出 a 的值为 3，而 a 的数据类型是整型。

2.5.5　赋值运算符

赋值运算符是最简单的，赋值符号“=”就是赋值运算符。

1．赋值运算符的常用形式

语法：

```
变量名=表达式;
```

赋值运算符的作用：计算表达式值，然后将该值赋值给等号左边的变量，实际上是将特定的值写到变量所对应的内存单元中。

例如：

```
int max;
float avg;
max=15;                     //将 15 赋给变量 max
avg=max/3+60;               //将表达式 max/3+60 的运算结果 63 赋值给变量 avg
```

赋值运算符具有右结合性。

例如：

```
int a,b,c;
a=b=c=45;
```

等价于

```
a=(b=(c=45));
```

使用赋值运算符应注意以下几点：

（1）赋值运算符的优先级只高于逗号运算符。

（2）从形式上看，赋值运算符与数学上的等号是一样的，但代表的含义是不同的，在 C 语言中赋值运算符的操作是将赋值运算符右边的表达式的值赋值给左边的变量。

（3）在赋值运算符的左侧只能是变量，不能是常量或表达式。

（4）当赋值运算符两侧的数据类型不一致时，要进行类型转换，符合数据类型转换的原则即可。

2．复合赋值运算符

在赋值运算符前面加上其他运算符可构成复合赋值运算符，如表 2–6 所示。

表 2-6 复合赋值运算符

复合赋值运算符	表 达 式	计算过程	计算结果（假设 x=5）
+=	x += 6	x = x+6	11
-=	x -= 6	x = x-6	-1
*=	x *= 6	x = x*6	30
/=	x /= 6	x = x/6	0
%=	x %= 6	x = x%6	0

用复合赋值运算符十分有利于编译处理，能提高编译效率进而提高代码的质量。可以与赋值运算符一起组合成复合赋值运算符的共有以下 10 个：

```
+=   -=   *=   /=   %=   >>=   <<=   &=   ^=   |=
```

2.5.6 关系运算符

关系运算符（见表 2-7）是用于测试两个对象之间关系的符号，其中对象可以是变量、常量或表达式。利用关系运算符可以写出关系表达式，通过关系表达式的结果可以控制计算的流向。

表 2-7 关系运算符

关系运算符	表 达 式	描 述	优先级别
>	表达式 1>表达式 2	检查表达式 1 是否大于表达式 2	相同（高）
<	表达式 1<表达式 2	检查表达式 1 是否小于表达式 2	
>=	表达式 1>=表达式 2	检查表达式 1 是否大于等于表达式 2	
<=	表达式 1<=表达式 2	检查表达式 1 是否小于等于表达式 2	
==	表达式 1==表达式 2	检查两个表达式是否相等	相同（低）
!=	表达式 1!=表达式 2	检查两个表达式是否不相等	

关系表达式的计算也应该得到一个值，这个值用于判断两个对象之间的关系要么成立（真），要么关系不成立（假）。

例如：

```
1.5>=2.5                    //关系不成立
3==4                        //关系不成立
```

需要说明的是，在 C 语言中没有逻辑值（真或假）类型，任何基本类型的值都可以当作逻辑值用，其中：值等于 0 表示逻辑值“假”；值不等于 0 表示逻辑值“真”。任何非 0 的数值都当作“真”（关系成立），0 值被当作“假”（关系不成立）。

使用关系运算符应注意以下几点：

（1）关系运算符的优先级低于算术运算符。

（2）关系运算符的优先级高于赋值运算符。

现场练习 3：

分析以下关系表达式的结果：

```
a>b
a+b>b+c
(a=3)>(b=5)
'a'<'b'
(a>b)>(b<c)
```

关系表达式成立时值为1（真），否则为0（假）。

2.5.7 逻辑运算符

在C语言当中，可以考虑一个或多个条件判断的情况。例如，要在超市付款时，顾客可用选择使用现金、信用卡。如果既有信用卡又有现金，顾客可以选择一种付款方式；但是，如果既没有现金又没有信用卡，顾客则无法完成付款。在以上这种情况中，判断条件要求：多个条件同时成立、多个条件之一成立、某个条件不成立，它们分别是表示“并且”“或者”和“非”三种运算，这三种运算又被称为“与”“或”和“非”。在C语言当中提供了3个逻辑运算符&&（与）、||（或）和！（非），如表2-8所示。

表2-8　逻辑运算符

逻辑运算符	表　达　式	描　　述
&&	表达式1&&表达式2	用于检查两个表达式的值是否都为真
||	表达式1||表达式2	用于检查两个表达式的值是否至少有一个为真
!	!表达式1	此运算符用于某个特定表达式求反运算

下面分别介绍逻辑运算符的用法。

1．&&运算符

此运算符用于两个条件表达式都为真时，结果才为真；两个条件表达式中有一个为假，结果为假（通常情况下0表示假，1（或非0）表示为真），如表2-9所示。

表2-9　&&运算符功能

表达式1	表达式2	&&运算	运算结果
0	0	0&&0	0
0	1	0&&1	0
1	0	1&&0	0
1	1	1&&1	1

例如：

```
sum>60&&sum<90
```

此表达式将检查sum的值是否介于60和90之间。只有在&&两侧的条件表达式的值都为真时，整个表达式的最终值才为真。如果&&两侧的表达式有一个为假，整个表达式的最终值才为假。&&两侧的表达式的值为假，整个表达式的最终值为假。

2．||运算符

此运算符用于两个条件表达式，只要有一个为真，结果就为真；两个表达式都为假时，结果才为假，如表2-10所示。

表2-10　||运算符功能

表达式1	表达式2	||运算	运算结果
0	0	0||0	0
0	1	0||1	1
1	0	1||0	1
1	1	1||1	1

3. !运算符

此运算符用于执行给定条件表达式的求反运算，参与运算的表达式为真时，结果为假；参与运算的表达式为假时，结果为真，如表 2-11 所示。

表 2-11　!运算符功能

表达式 1	!运算	运　算　结　果
0	!0	1
1	!1	0

2.5.8　sizeof 运算符

在编写程序时，经常会遇到需要计算所用数据类型大小的情况。在 C 语言中，提供了 sizeof 运算符实现该功能。

sizeof 运算符的语法：

```
sizeof(类型名)
```

注意：类型名是需要了解其大小的数据类型或结构的名称。此运算符是返回一个数值。该返回值表示变量或结构占用内存空间的大小。sizeof 运算符的结果以字节为单位显示。

2.5.9　运算符的优先级和结合性

当在解决实际问题遇到复杂表达式时，需要确定先执行哪种运算，此时就需要考虑运算符的优先级。如果表达式很复杂，运算符优先级将确定哪个运算符有更高的优先权。通过为每个运算行应用优先顺序，就可以很容易地计算出复杂表达式的结果。仅靠优先级还不行，如果出现相同优先级时运算顺序还不能确定，所以还得考虑每类运算符的结合性，结合性用于确定相同优先级的运算符相邻出现时表达式的计算方式。

C 语言中，运算符的优先级和结合性如表 2-12 所示。

表 2-12　运算符优先级

运　算　符	描　　述	结合性	优先级别
()	圆括号	自左向右	高
!、++、--、sizeof	逻辑非、递增、递减、数据类型的大小	自右向左	
*、/、%	乘法、除法、取余	自左向右	
+、-	加法、减法	自左向右	
<、<=、>、>=	小于、小于等于、大于、大于等于	自左向右	
==、!=	等于、不等于	自左向右	
&&	逻辑与	自左向右	
||	逻辑或	自左向右	
=、+=、*=、/=、%=、-=	赋值运算符，复合赋值运算符	自右向左	低

小　结

（1）常量是在程序中不能被更改的值；而变量在程序中是可以被更改的，通过变量可以引用存储在内存中的数据。注意使用时区别。

（2）标识符命名规则。

（3）C 语言中数据类型包含：整型、实型和字符型。

（4）表达式是操作数和运算符的集合。

（5）算术运算符、关系运算符、赋值运算符、逻辑运算符、sizeof 运算符间的综合应用。

（6）在复杂表达式中，通过运算符的优先级确定各种运算符的执行顺序。

作　　业

1. 选择题

（1）下列字符序列中，不可用做 C 语言标识符的是（　　）。

A. b70　　B. #ab　　C. symbol　　D. a_1

（2）下列字符序列中，可用做 C 标识符的一组字符序列是（　　）。

A. S.b，sum，average，_above　　B. class，day，lotus_1，2day

C. #md，&12x，month，student_n!　　D. D56，r_1_2，name，_st_1

（3）若 int 类型数据占 2 字节，则下列语句的输出结果为（　　）。

```
int k=-1; printf("%d,%u\n",k,k);
```

A. –1,–1　　B. –1,32767　　C. –1,32768　　D. –1,65535

（4）下列语句的输出结果是（　　）。

```
void main()
{
    int j;
    j=3;
    printf("%d,",++j);
    printf("%d",j++);
}
```

A. 3,3　　B. 3,4　　C. 4,3　　D. 4,4

（5）以下不符合 C 语言语法的赋值语句是（　　）。

A. a=1,b=2　　B. ++j;

C. a=b=5;　　D. y=(a=3,6*5);

（6）下列程序的输出结果为（　　）。

```
void main()
{
    int m=7,n=4;
    float  a=38.4,b=6.4,x;
    x=m/2+n*a/b+1/2;
    printf("%f\n",x);
}
```

A. 27.000000　　B. 27.500000　　C. 28.000000　　D. 28.500000

（7）下列程序的输出结果为（　　）。

```
void  main()
{
    int  y=10;
```

```
    while(y--);
    printf("y=%d\n",y);
}
```

A. y=0　　B. while 构成无限循环　　C. y=1　　D. y=-1

（8）以下运算符中，优先级最高的运算符是（　　）。

A. *=　　B. >=　　C. （类型）　　D. +

（9）以下不符合C语言语法的赋值语句是（　　）。

A. a=1,b=2　　B. ++j;　　C. a=b=5;　　D. y=(a=3,6*5);

（10）以下标识符中，不能作为合法的C用户定义标识符的是（　　）。

A. putchar　　B. _double　　C. _123　　D. INT

（11）若给定条件表达式(M)?(a++):(a--)，则其中表达式M（　　）。

A. 和(M==0)等价　　B. 和(M==1)等价　　C. 和(M!=0)等价　　D. 和(M!=1)等价

（12）假设所有变量均为整型，表达式:a=2,b=5,a>b?a++:b++,a+b 的值是（　　）。

A. 7　　B. 8　　C. 9　　D. 2

2. 填空题

（1）int a=1,b=2,c=3;，执行语句 a += b *= c;后，a 的值是________。

（2）已知 i=5.6;，语句 a=(int)i; 执行后变量 i 的值是________。

（3）设 x 的值为 15，n 的值为 2，则表达式 x%=(n+3) 运算后 x 的值是________。

（4）int a=1,b=2,c=3;，表达式(a&b)||(a|b) 的值是________。

（5）输入整型变量 a 的值。int a; scanf("%d",________)。

（6）int a=1,b=2,c=3;，执行语句 a=b=c;后 a 的值是________。

（7）C 语言中的字符变量用保留字________来说明。

（8）执行语句 int x=4,y=25,z=5; z=y/x*z;后，z 的值是________。

（9）int a=1,b=2,c=3;，执行语句 a+=b*= c;后 a 的值是________。

（10）表达式 a+=b 相当于表达式________。

（11）已知 i=5;，语句 a=--i; 执行后整型变量 a 的值是________。

（12）语句 b=(a=6,a*3); 执行后整型变量 b 的值是________。

（13）已知 i=5，语句 a=(i>5)?0:1; 执行后整型变量 a 的值是________。

（14）表达式 18 && 53 的值是________。

3. 判断题

（1）语句 scanf("%7.2f",&a);是一个合法的 scanf()函数。（　　）

（2）语句 printf("%f%%",1.0/3);输出为 0.333333。（　　）

（3）若 a=3，b=2，c=1，则关系表达式"(a>b)==c" 的值为"真"。（　　）

（4）7&3+12 的值是 15。（　　）

（5）在 Visual C++ 6.0 中，下面的定义和语句是合法的：file *fp;fp=fopen("a.txt","r");。（　　）

（6）如果有一个字符串，其中第 10 个字符为'\n'，则此字符串的有效字符为 9 个。（　　）

（7）若有定义和语句：int a;char c;float f;scanf("%d,%c,%f",&a,&c,&f);若通过键盘输入：10,A,12.5，则 a=10，c='A'，f=12.5。（　　）

第 3 章　顺序结构程序设计

学习目标：

- 了解结构化程序设计的思想。
- 了解 C 语言的基本语句。
- 熟练使用 scanf()和 printf()函数。
- 熟练使用 getchar()和 putchar()函数。

完成任务：

能够使用输入/输出函数编写简单的 C 程序。

3.1　结构化程序设计简介

程序是计算机语言的语句序列，可以用一个公式简单地表示为：“程序=数据结构+算法”，其中数据结构是对数据的描述，是程序中要处理的数据类型和数据的组织形式，而算法是解决一个问题而采取的具体步骤。例如，求 1+2+3+4+…+100 可以有下面几种算法。

（1）先计算 1+2 的和为 3，再计算 3+3 的和为 6，顺次计算一直到求出 100 个数的和。

（2）把 1+2+3+4+…+100 重新组合为(1+99)+(2+98)+(3+97)+…+100+50，可以得到和为 50×100 + 50，即和为 5050。

（3）利用等差级数求和公式 $n\times(n+1)/2$，计算出和值为 100(100+1)/2，即为 5050。

上面这三种算法都是正确的，但有些算法简单、方便、运算量少，有些算法比较烦琐、运算量大。

任何复杂的算法，都可以由顺序结构、选择（分支）结构和循环结构三种基本结构组成。

（1）顺序结构。顺序结构由一系列顺序执行的操作（语句）组成，是一种线性结构。其程序流程图如图 3-1 所示。

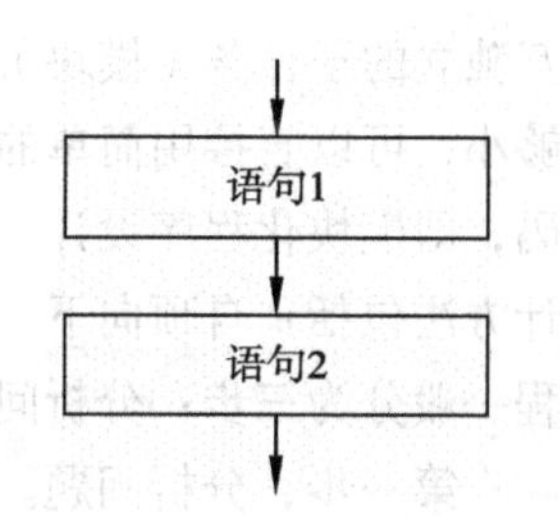

图 3-1　顺序结构流程图

（2）选择结构。选择结构又称分支结构，是根据一定的条件选择下一步要执行的操作。其程序流程图如图 3-2 和图 3-3 所示。

（3）循环结构。循环结构是根据一定的条件反复执行一定的操作。其程序流程图如图 3-4 和图 3-5 所示。

程序设计是指使用某种计算机语言编写程序，通过程序来指挥计算机解决具体问题。本书讲解的就是如何使用 C 语言进行程序设计。具体地说就是先分析待解决的问题，清楚要处理的数据及如何组织、存储数据，然后找出解决问题的方法，形成具体的算法，最后使用C语言编写出相应的代码。

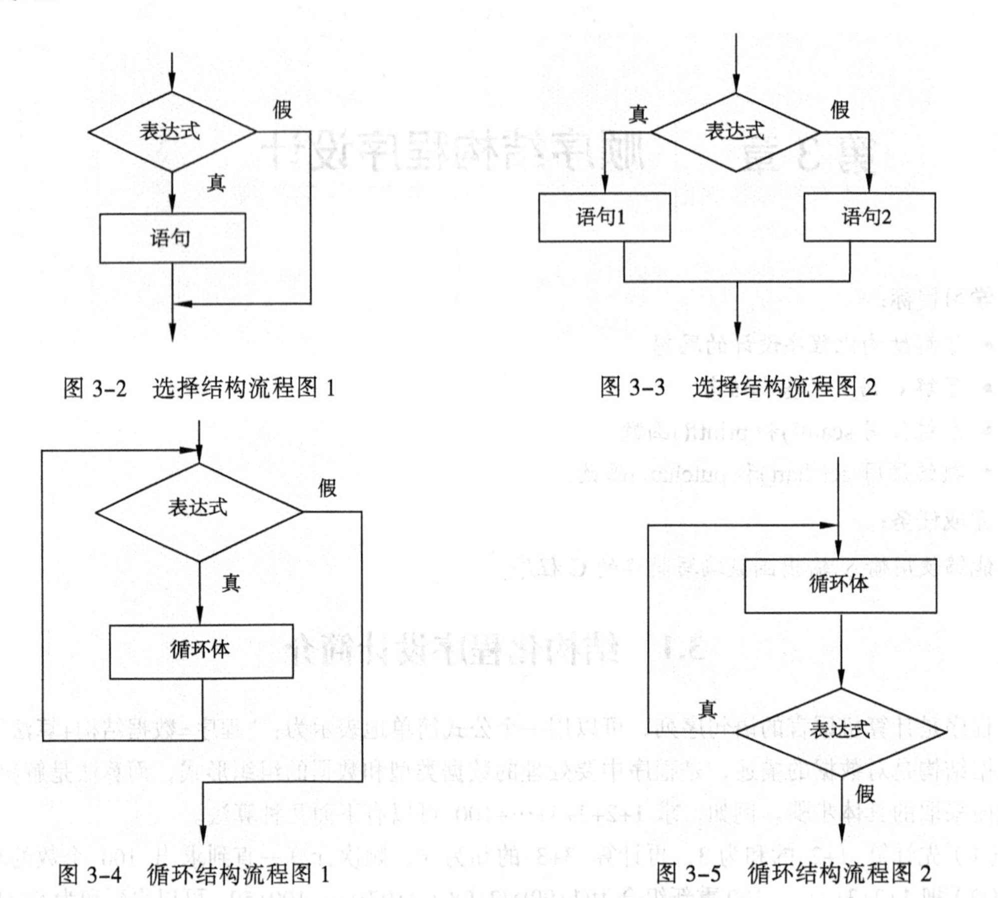

图 3-2 选择结构流程图 1

图 3-3 选择结构流程图 2

图 3-4 循环结构流程图 1

图 3-5 循环结构流程图 2

在构造算法时，也仅以这三种结构（顺序结构、选择结构和循环结构）作为基本单元，同时规定基本结构之间可以并列和互相包含,但不允许交叉或从一个结构直接转到另一个结构的内部。其结构清晰，易于验证正确性和纠正程序中的错误，这种方法就是结构化方法，遵循这种方法的程序设计，就是结构化程序设计。遵循这种结构的程序只有一个输入口和一个输出口。

结构化程序设计是对于一个大型、复杂的任务，先对其进行详尽的分析，把它分解成若干相互独立的子任务（模块），再把每一个子任务分解成若干更小的子任务（子模块），直到子任务足够小，可以直接用简单的算法来实现为止；然后对每一个分解后的子任务（子模块）进行程序编码，即模块化程序设计；最后按照分解的相反顺序组合各个模块，最终解决问题。结构化程序设计方法包括：自顶向下、层层细分、逐步求精、模块化设计、结构化编码。结构化程序设计的过程一般分为三步：分析问题、设计算法、程序实现。

第一步，分析问题。要明确问题中有哪些输入数据，得到哪些处理结果，同时给出问题的数据分析。

第二步，设计算法。在数据分析的基础上寻找解决问题的方法。先找到一种方法，再考虑其他方法，并从中选择最好的方法。

第三步，程序实现。将数据分析转化成程序的说明部分，将算法分析转化成程序的执行部分，同时增加必要的辅助成分（主要是注释语句与交互信息的实现语句），完成程序的编码。

3.2　C 语句简介

C 语言程序是由 C 语句组成的语句序列。C 语言中主要有 5 种语句。

1. 表达式语句

表达式语句是由表达式加上分号“;”组成，分号是语句的结束标志，必不可少。其一般形式为：

```
表达式;
```

执行表达式语句就是计算表达式的值。例如“x++ ;”表示表达式语句实现 x 自增 1。

最典型的表达式语句是赋值语句，即由赋值表达式构成的语句。如 x=1 是赋值表达式，x=1;就是赋值语句了。注意赋值表达式和赋值语句的区别。赋值表达式是一种表达式，它可以出现在任何允许表达式出现的地方，而赋值语句则不能。例如，“if((x=y+2)>0) z=x;”语句是正确的，语句的功能是：若表达式 x=y+2 大于 0 则 z=x。而“if((x=y+2;)>0) z=x;”语句是错误的，因为“x=y+2;”是语句，不能出现在表达式中。

2. 函数调用语句

由函数名、实际参数加上分号“;”组成。其一般形式为：

```
函数名(实际参数表);
```

执行函数语句就是调用函数体并把实际参数赋予函数定义中的形式参数，然后执行被调函数体中的语句，求取函数值。例如，“printf("hello world!");”调用标准函数库的输出函数，输出字符串。

3. 控制语句

控制语句用于控制程序的流程，以实现程序的各种结构形式。由特定的语句定义符组成。C 语言有 9 种控制语句。可分成以下三类。

（1）条件判断语句：包括 if 语句、switch 语句。

（2）循环执行语句：包括 do...while 语句、while 语句和 for 语句。

（3）转向语句：包括 break 语句、goto 语句、continue 语句和 return 语句。

4. 复合语句

把多个语句用花括号{}括起来称为复合语句。例如，下面是一个复合语句：

```
{
    x=1;
    y=2;
    printf("%d,%d",x,y);
}
```

复合语句内的各条语句都以分号“;”结尾，在花括号“}”外不能加分号。

5. 空语句

只有分号“;”组成的语句称为空语句。空语句是什么也不执行的语句。在程序中空语句可用来做空循环体。例如，“while((c=getchar()) ! ='\n') ;”，本语句的功能是：只要从键盘输入的字符不是回车符则重新输入。这里的循环体是“;”即是空语句。

3.3 格式输入/输出函数

printf()函数是一个标准库函数，在使用这些库函数之前，要用编译预处理命令中的文件包含命令“#include”，该命令必须放在程序的开头，将与库函数有关的“头文件”包括在用户源文件中。例如，使用标准输入/输出库函数时，要用到“stdio.h”文件。文件后缀“h”是 head 的缩写，所以称为头文件，即文件开头应有以下预编译命令：

```
#include <stdio.h>
```

或者

```
#include "stdio.h"
```

stdio 是 standard input&output 的缩写，它包含了与标准 I/O 库有关的变量定义和宏定义。考虑到 printf()和 scanf()函数使用频繁，系统允许在使用这两个函数时可不加#include 命令。

3.3.1 printf()函数

printf()函数称为格式输出函数，其关键字最后一个字母 f，意为“格式”(format)。在 C 语言中如果向终端或指定的输出设备输出任意的数据且有一定的格式时，则需要使用 printf ()函数。其作用是按照指定的格式向终端设备输出一个或多个任意类型的数据。

1. printf()函数格式

printf()函数一般的调用格式：

```
printf("格式控制字符串",输出项表列);
```

功能：在“格式控制字符串”的控制下，将各参数转换成指定格式，在标准输出设备上显示或打印。

其中，格式控制部分是由一对双撇号括起来的字符串，用来确定输出项的格式和需要输出的字符串；输出项可以是合法的常量、变量及表达式。输出表列中的各项之间要用逗号隔开。

其中的格式控制字符串包含两类内容：普通字符和格式说明。

（1）普通字符。普通字符只被简单地输出在屏幕上，所有字符（包括空格）一律按照自左至右的顺序原样输出，在显示中起提示作用；例如：

```
printf("Hello World! \n") ;
```

输出的结果如下：

```
Hello World!
```

其中“\n”的作用是回车换行。

（2）格式说明——将数据转换为指定的格式输出。一般格式组成为：格式码“%”、格式字符（小写字母）。

例如：

```
printf("a=%d, b=%d",a,b);
```

在上面双撇号中的字符除了“%d”以外，还有非格式说明的普通字符“a=”和“b=”按原样输出。如果给变量 a 赋值 5，变量 b 赋值 6，则输出结果为：

```
a=5,b=6
```

格式码%、格式字符 d（小写字母）的作用：以十进制形式输出带符号整数（按实际长度输出，正数不输出符号），不同的格式字符代表不同的输出要求。

2．格式字符

格式字符规定了对应输出项的输出格式，对于不同类型的数据有不同的格式字符。常用的格式字符及其说明如表 3-1 所示。

表 3-1　printf()函数格式字符

格式字符	说　　明
c	输出单个字符
s	输出字符串
g 或 G	以%f 或%e 中较短的输出宽度输出单、双精度实数，不输出无意义的 0，用 G 时指数用 E 表示
d	以十进制形式输出带符号整数（按实际长度输出，正数不输出符号）
o	以八进制形式输出无符号整数（不输出前导符 0）
x 或 X	以十六进制形式输出无符号整数（不输出前导符 0x）
u	以十进制形式输出无符号整数
f	以小数形式输出单、双精度实数，隐含输出 6 位小数
e 或 E	以指数形式输出单、双精度实数，数字部分小数位数为 6

格式字符的一般形式为：

```
% + m.n l 格式字符
```

其中，+、-、m、n、l 通常称为附加格式说明符，说明输出数据的精度，左右对齐，除%、“格式字符”外，其余可根据需要来选择。+、-、m、n、l 的功能如表 3-2 所示。

表 3-2　printf()函数附加格式说明符

附加格式说明符	说　　明
（字母）l	输出长整型数，可加在 d、o、x、u 之前
（正整数）m	输出数据的域宽（列数），也即最小宽度
（正整数）.n	输出实数的 n 位小数；或输出 n 个字符的字符串
+	数据右对齐（默认为右对齐）
-	数据左对齐

下面对以上两表中所列的格式字符作进一步的说明。

（1）d 格式：用来输出十进制整数。有以下几种用法：

%d：按整型数据的实际长度输出。

%md：m 为指定的输出字段的宽度。如果数据的位数小于 m，则左端补以空格，若大于 m，则按实际位数输出。

例如：

```
#include <stdio.h>
void main()
{
    int x,y;
    x=1234;
    y=567;
```

```
    printf("%3d,%6d",x,y);
}
```

运行结果：

```
1234,□□□567    (□代表空格)
```

%ld（%mld 也可）：输出长整型数据。

例如：

```
#include <stdio.h>
void main()
{
    long n=123400;
    printf("%9ld",n);
}
```

运行结果：

```
□□□123400
```

程序解析：如果用%d 输出，就会发生错误，因为整型数据的范围为–32 768～32 767。对 long 型数据应当用%ld 格式输出。

（2）o 格式：以无符号八进制形式输出整数。对长整型可以用"%lo"格式输出。同样也可以指定字段宽度用"%mo"格式输出。

例如：

```
#include <stdio.h>
void main()
{
    int a=-1;
    int b=9;
    printf("%d, %o\n",a,a);
    printf("%o, %4o\n",b,b);
}
```

运行结果：

```
-1,37777777777
11, □□11
```

程序解析：–1 在内存单元中（以补码形式存放）为$(1111111111111111)_2$，转换为八进制数为$(177777)_8$。

（3）x 格式：以无符号十六进制形式输出整数。对长整型可以用"%lx"格式输出。同样也可以指定字段宽度用"%mx"格式输出。

例如：

```
#include <stdio.h>
void main()
{
    int a=-1;
    int b=20;
    printf("%x, %4x\n", b, b);
    printf("%x\n", a);
}
```

运行结果：

```
14, □□14
ffffffff
```

（4）u 格式：以无符号十进制形式输出整数。对长整型可以用"%lu"格式输出。同样也可以指定字段宽度用"%mu"格式输出。如果有符号数是正数，可以按照实际的大小输出；如果有符号数是负数，则在输出时，符号位可以看作数值位，所以负数的补码会看作正数的补码（即正数的原码）。

例如：

```
#include <stdio.h>
void main()
{
    int a=-1;
    unsigned int b=65535;
    printf("%u,%lu\n",a,b);
}
```

运行结果：

```
4294967295, 65535
```

（5）c 格式：输出一个字符。如果一个整数的值在 0~255 之间，也可以以字符形式输出，系统会把整数值转换为相应的 ASCII 码，并输出相应的字符。反之，一个字符数据也可以用整数形式输出。

例如：

```
#include <stdio.h>
void main()
{
    char a='A';
    int b=67;
    printf("%c,%d\n",a,a);
    printf("%c,%d\n",b,b);
}
```

运行结果：

```
A,65
C,67
```

（6）s 格式：用来输出一个字符串。有以下几种用法：

%s：按照正常方式输出字符串实际字符。

例如：`printf("%s", "CHINA")`

运行结果：CHINA

%ms：输出的字符串占 m 列，如字符串本身长度大于 m，则突破获 m 的限制，将字符串全部输出。若串长小于 m，则左补空格。

%-ms：如果串长小于 m，则在 m 列范围内，字符串向左靠，右补空格。

%m.ns：输出占 m 列，但只取字符串中左端 n 个字符。这 n 个字符输出在 m 列的右侧，左补空格。

%-m.ns：其中 m、n 含义同上，n 个字符输出在 m 列范围的左侧，右补空格。如果 n>m，则自动取 n 值，即保证 n 个字符正常输出。

例如：

```
#include <stdio.h>
void main()
{
```

```
    printf("%s,%10s,%-10s\n","computer","computer","computer");
    printf("%8.4s,%-8.4s,%4.5s\n","computer","computer","computer");
}
```

运行结果：

```
computer,□□computer,computer□□
□□□□comp,comp□□□□,compu
```

（7）f 格式：用来输出实数（包括单、双精度），以小数形式输出。有以下几种用法：

%f：不指定宽度，整数部分全部输出并输出 6 位小数。

%m.nf：输出共占 m 列，其中有 n 位小数，如数值宽度小于 m 左端补空格。

%-m.nf：输出共占 n 列，其中有 n 位小数，如数值宽度小于 m 右端补空格。

例如：

```
#include <stdio.h>
void main()
{
    float f=123.456;
    printf("%f,%10f,%.2f,%10.2f,%-10.2f \n",f,f,f,f,f);
}
```

运行结果：

```
123.456001,123.456001,123.46,□□□□123.46,123.46□□□□
```

程序解析：f 的值应为 123.456，但输出为 123.456001，这是由于实数在内存中的存储误差引起的。%.2f 只指定了 n，没指定 m，自动使 m=n=2。

（8）e 格式：以指数形式输出实数。可用以下形式：

%e：数字部分（又称尾数）输出 6 位小数，指数部分占 5 位（如 e+002），其中 e 占 1 位，指数占 3 位。数值按规范化指数形式输出（即小数点前必须有且只有一位非零数字）。

%m.ne 和%-m.ne：m、n 和"-"字符含义与前相同。此处 n 指数据的数字部分的小数位数，m 表示整个输出数据所占的宽度。

例如：

```
#include <stdio.h>
void main()
{
    printf("%e ",123.456);
}
```

运行结果：

```
1.234560e+002
```

（9）g 格式：自动选 f 格式或 e 格式中较短的一种输出，且不输出无意义的零。

```
#include <stdio.h>
void main()
{
    float f=123.456;
    printf("%f,%e,%g",f,f,f);
}
```

运行结果：

```
123.456001,1.234560e+002,123.456□□□
```

程序解析：用%f 输出占 10 列，用%e 输出占 13 列，用%g 格式时，自动从上面两种格式中选择短者，所以按%f 格式用小数形式输出，最后 3 个小数位为 0，不输出，右边补 3 个空格。

3．使用 printf()函数的说明

（1）在使用函数输出时，格式控制字符串后的输出项，必须与格式说明对应的数据按照从左到右的顺序一一匹配。

（2）除了 X、E、G 外，其他格式字符必须用小写字母，如上边的“%d”。

（3）在控制字符串中可以增加提示修饰符和换行、跳格、竖向跳格、退格、回车、换页、反斜杠、单引号、八进制的“转义字符”、十六进制的“转义字符”，即\n、\t、\v、\b、\r、\f、\\、\'、\ddd、\xhh 等。

（4）如果想输出字符“%”，则应该在格式控制字符串中用连续的两个百分号（“%%”）表示。例如：printf("%f%%", 0.32);输出结果如下：0.320000%。

现场练习 1：

写出下列程序的输出结果：

```
#include <stdio.h>
void main()
{
    int a=3,b=7;
    float x=67.5862,y=-789.124;
    char c='A';
    long n=1234567;
    unsigned u=65535;
    printf("%d%d\n", a, b);
    printf("%4d%4d\n",a, b);
    printf("%f,%f\n",x,y);
    printf("%-10f,%-10f,%8.2f,%3f\n",x,y,x,x);
    printf("%e\n",x);
    printf("%c%d",c,c);
    printf("%u,%o,%x\n",u,u,u);
    printf("%s,%5.3s\n","chinese","chinese");
}
```

3.3.2　scanf()函数

C 语言的数据输入同数据输出一样，全部是通过函数进行的。数据输入是指把来自键盘输入的数据存入内存变量中。

1．scanf()函数格式

scanf()函数一般的调用格式为：

```
scanf("格式控制字符串",输入项地址表列);
```

功能：读入各种类型的数据，接收从输入设备按输入格式输入数据并存入指定的变量地址中。

其中，“格式控制字符串”与 printf()函数中的格式说明符基本相同。

“输入项地址表列”由若干输入项地址组成，相邻两个输入项地址之间用逗号“,”分开。输入项地址表中的地址可以是变量的地址，也可以是字符数组名或指针变量。变量地址的表示方法为“&变量名”，其中“&”是地址运算符。

例如：`scanf("%d%f",&i,&j);`

2. 格式字符

scanf()函数与 printf()函数类似，它的格式控制字符串中也可以有多个格式说明。一般格式为：

`% * ml(h)字符`

格式说明符个数必须与输入项的个数相等，数据类型必须从左至右一一对应，scanf()函数的常用格式字符如表 3–3 所示。

表 3–3 scanf()函数格式字符

格式字符	说明
d	用于输入带符号的十进制形式整数
o	用于输入无符号的八进制形式整数
x	用于输入无符号的十六进制形式整数
c	用于输入单个字符
s	用于输入字符串。以非空格字符开始，以第一个空白字符结束，'\0'作为字符串结束标志
f	用于输入实数，可以用小数形式或指数形式输入
e	与 f 作用相同，e 与 f 可以相互替换

scanf()函数允许在格式说明的%与格式字符之间插入附加格式说明符，以使输入格式更为丰富。scanf()函数的附加格式说明符如下表 3–4 所示。

表 3–4 scanf()函数附加格式说明符

附加格式说明符	说明
l	用于输入长整型或双精度数据（可加在 d、o、x、f、e 前）
h	用于输入短整型数据（可加在 d、o、x 前）
m（正整数）	指定输入数据所占最小宽度（列数）
*	表示本输入项在读入后不赋给相应的变量

3. 使用 scanf()函数的说明

（1）标准 C 在 scanf()函数中不使用%u 说明符，对 unsigned 型数据，以%d 或%o、%x 格式输入。

（2）可以指定输入数据所占列数，系统自动按它截取所需宽度。例如：scanf("%3d%3d",&a,&b);输入 12345678 时，系统自动将 123 赋给 a，456 赋给 b.

（3）输入数据时不能规定精度，如下的表达式是错误的：`scanf("%7.2f", &a);`

（4）格式控制符中除格式说明符以外的其他字符，在输入时应按照原样输入。例如：scanf("%d,%d", &a, &b);当输入数据时，如果输入 6 和 9，则正确的输入格式为：6,9<回车>。此处一定要注意：在 6 的后面输入“,”，而不应该是其他符号。

（5）用“%c”格式输入字符时，空格字符和“转义字符”都作为有效字符输入。例如：scanf("%c%c%c",&ch1,&ch2,&ch3);输入 a□b□c 时，字符“a”赋给 ch1，字符“□”赋给 ch2，字符“b”赋给 ch3。

（6）在输入数值型数据（常量）时，遇到下列情况时认为该数据输入结束。

遇空格，或“回车”或“跳格”（Tab）键。

遇宽度结束，例如：（只取 3 列）`scarf("%3d",&a);`

遇非法输入。例如：

```
scanf("%d%c%d",&m,&n,&p);
```

如果输入：

```
123c69o7<回车>
```

输入 123 之后遇字母 c，则认为第一个数据到此结束，把 123 赋给变量 m，字符 c 赋给变量 n，因为 n 只要输入一个字符，n 后面的数值应赋给变量 p，但如果误将 6907 输为 69o7，则认为数值到字母 o 处结束，所以 p 的值是 69。

【示例 3.1】用 scanf()函数输入数据。

```
#include <stdio.h>
void main()
{
  int x,y,z;
  int a,b,c;
  scanf("%d%d%d",&x,&y,&z);
  scanf("%d,%d,%d",&a,&b,&c);
  printf("%d,%d,%d,%d,%d,%d\n",x,y,z,a,b,c);
}
```

程序运行结果：

```
1 2 3
1,2,3
1,2,3,1,2,3
```

【示例 3.2】输入圆柱体底面积的半径和圆柱体的高，求圆柱体的体积。

```
#include <stdio.h>
void main()
{
    float radius,high;
    double vol,pi=3.1415926;
    printf("请输入圆柱体底面积的半径和圆柱体的高：");
    scanf("%f%f",&radius,&high);  //从键盘输入两个实数赋给变量
    vol=pi*radius*radius*high;     //求体积
    printf("radius=%7.2f, high=%7.2f, vol=%7.2f\n",radius,high,vol);
}
```

程序运行结果：

```
请输入圆柱体底面积的半径和圆柱体的高: 16.3 29.6
radius=  16.30, high=  29.60, vol=24706.81
```

现场练习 2：

从键盘输入两个整数，输出两个整数的和。

3.4　字符数据输入/输出函数

3.4.1　getchar()函数

getchar()函数的功能是从键盘上输入一个字符。

其一般形式为：

```
getchar();
```

通常把输入的字符赋予一个字符变量，构成赋值语句，如：

```
char c;
c=getchar();
```

【示例 3.3】输入单个字符。

```
#include<stdio.h>
void main()
{
    char c;
    printf("input a character\n");
    c=getchar();
    printf("%c\n",c);
}
```

程序运行结果：

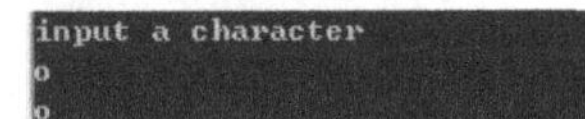


```
input a character
ok
o
```

使用 getchar()函数应注意几个问题：

（1）getchar()函数只能接受单个字符，输入数字也按字符处理。输入多于一个字符时，只接收第一个字符。空格和转义字符都作为有效字符接收。

（2）使用本函数前必须使用文件包含：#include "stdio.h" 或 #include <stdio.h>。

（3）用 printf()函数输出时，则可以写成如下形式：

```
printf("%c",getchar());
```

3.4.2 putchar()函数

putchar()函数是字符输出函数，其功能是在显示器上输出单个字符。

其一般形式为：

```
putchar(字符变量)
```

例如：

```
putchar('A');            //输出字符 A
putchar(x);              //输出字符变量 x 的值
putchar('\101');         //输出转义字符对应的字符 A
putchar('\n');           //换行
```

【示例 3.4】输出单个字符。

```
#include <stdio.h>
void main()
{
    char a='B',b='o',c='k';
    putchar(a);putchar(b);putchar(b);putchar(c);
    putchar('\n');
}
```

程序运行结果：

```
Book
```

使用 putchar()函数应注意几个问题：

（1）putchar()函数一次只能输出一个字符，即该函数有且只有一个参数。

（2）使用本函数前必须使用文件包含：#include "stdio.h" 或 #include <stdio.h>。

（3）对控制字符则执行控制功能，不在屏幕上显示。putchar('\n');是输出转义字符换行符，即控制输出位置换到下一行开头。

现场练习 3：

编写一个程序，用 putchar()和 getchar()函数完成如下运行结果：

小　　结

（1）结构化程序设计方法包括：自顶向下、层层细分、逐步求精、模块化设计和结构化编码。结构化程序设计的过程一般分为三步：分析问题、设计算法和程序实现。结构化程序设计的三种基本结构：顺序结构、选择结构和循环结构。

（2）C 语言程序是由 C 语句组成的语句序列。C 语言中主要有 5 种语句：表达式语句、函数调用语句、控制语句、复合语句和空语句。

（3）printf()和 scanf()函数属于格式输入/输出函数。

（4）getchar()和 putchar()函数用来输入/输出单个字符的函数。

作　　业

1. 填空题

（1）语句 printf("%f%%",1.0/3);的输出结果为________。

（2）输入整型变量 a 的值。

```
int a; scanf("%d", _______);
```

（3）语句 float f=213.82631;printf("%4.2f\n",f);的输出结果为：________

（4）若从键盘输入：123456789111。下列程序的输出结果为：________

```
#include <stdio.h>
void main()
{
    int a;
    float b,c;
    scanf("%2d%3f%4f",&a,&b,&c);
    printf("\na=%d,b=%f,c=%f\n",a,b,c);
}
```

（5）已知大写字母 A 的 ASCII 码是 65，小写字母 a 的 ASCII 码是 97，则八进制表示的字母'\101'常量是________。

2. 编写一个程序，用于接收用户输入的两个整数，对其执行加、减、乘、除及求余运算，然后以格式化方式显示计算结果。

第 4 章　选择结构程序设计

学习目标：

- 熟练使用 if 结构。
- 熟练使用多重 if 结构。
- 熟练使用嵌套 if 结构。
- 熟练使用 switch 结构。
- 理解条件运算符的用法。

完成任务：

本章将继续扩展学生成绩管理系统，根据用户输入的期末考试成绩，输出相应的成绩评定信息。

之前章节我们学习了顺序结构程序设计语句，这些语句都是从前到后顺序执行的。除了顺序执行之外，有时候需要检查一个条件，然后根据检查的结果执行不同的后续代码。在 C 语言中可以用选择结构（分支结构）实现，选择结构包括 if 和 switch 两个语句。其中，if 语句包括简单 if 语句、多重 if 语句和嵌套 if 语句。

4.1　if 语 句

4.1.1　简单 if 语句

1．简单 if 语句形式 1

```
if(表达式)语句
```

描述：如果表达式为“真”，则执行语句；否则执行 if 后面的语句。如果语句有多于一条语句要执行，必须使用“{”和“}”把这些语句包括在其中，此时条件语句形式为：

```
if(表达式){ 语句体 }
```

这种 if 语句的执行过程如图 4–1 所示。

例如：

```
if(a>1)          if(a>1)
b=10;            {b=10;c=20;}
```

如果 a>1 成立，则执行 b=10;或 b=10;c=20;如果 a>1 不成立，则执行 b=10;或{b=10;c=20}后面的语句。

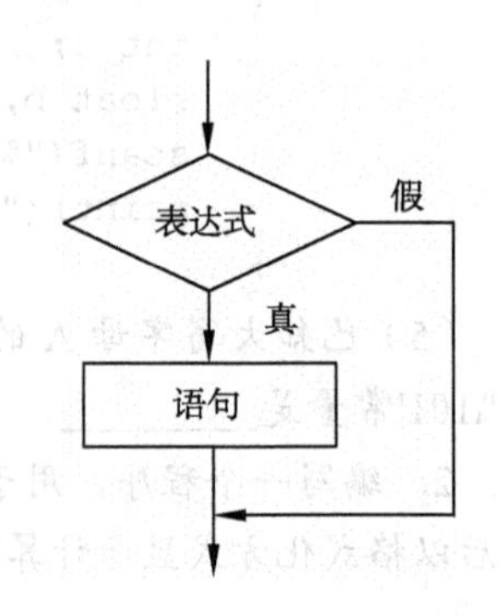

图 4–1　简单 if 语句流程图 1

【示例 4.1】输入两个实数，按代数值由小到大的顺序输出这两个数。

```
#include <stdio.h>
```

```
void main()
{
    float a,b,t;
    printf("请输入要比较的两个数: \n");
    scanf("%f,%f",&a,&b);
    if(a>b)
    {
        t=a;
        a=b;
        b=t;
    }
    printf("两个数从小到大的顺序是: \n ");
    printf("%5.2f,%5.2f\n",a,b);
}
```

程序运行结果：

```
请输入要比较的两个数:
5.66,-8.65
两个数从小到大的顺序是:
 -8.65, 5.66
```

现场练习 1：

输入三个实数，按代数值由小到大的次序输出这三个数。

2. 简单 if 语句形式 2

```
if(表达式)
    语句 1
else
    语句 2
```

描述：如果表达式的结果为“真”，则执行语句 1；否则执行语句 2。这种 if 语句的执行过程如图 4-2 所示。

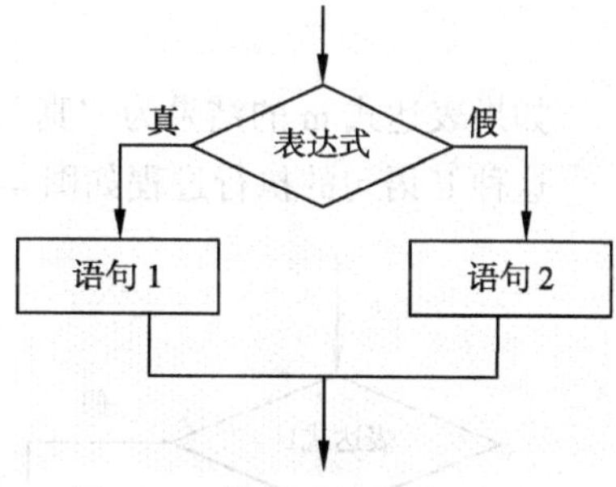

图 4-2　简单 if 语句流程图 2

例如：

```
if (a>1)
    b=10;
else
    b=100;
```

如果 a>1 成立，则执行 b=10;；如果 a>1 不成立，则执行 b=100;。

【示例 4.2】输入一个整数，判断该数是奇数还是偶数。

程序分析：能被 2 整除的数叫偶数，即该数除以 2 之后余数为 0，可以用求余数运算符“%”。

```
#include <stdio.h>
void main()
{
    int num;
    printf("\n请输入一个整数: ");
    scanf ("%d",&num);
    if((num%2) == 0)
        printf("%d 是一个偶数。\n",num);
    else
        printf("%d 是一个奇数。\n",num);
}
```

程序运行结果：

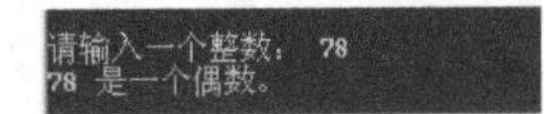

请输入一个整数： 11123
11123 是一个奇数。

现场练习 2：

确定用户输入的数字是否可以被 5 整除，并输出相应的提示消息。

4.1.2 多重 if 语句

多重 if 语句形式：

```
if（表达式 1）              语句 1
else  if（表达式 2）        语句 2
else  if（表达式 3）        语句 3
      …
else  if（表达式 m）        语句 m
else   语句 n
```

描述：

如果表达式 1 的结果为“真”，则执行语句 1，退出 if 语句；否则去判断表达式 2；

如果表达式 2 的结果为“真”，则执行语句 2，退出 if 语句；否则去判断表达式 3；

如果表达式 3 的结果为“真”，则执行语句 3，退出 if 语句；否则去判断表达式 3 后面的表达式；

……

如果表达式 m 的结果为“真”，则执行语句 m，退出 if 语句；否则去执行语句 n。

这种 if 语句的执行过程如图 4-3 所示。

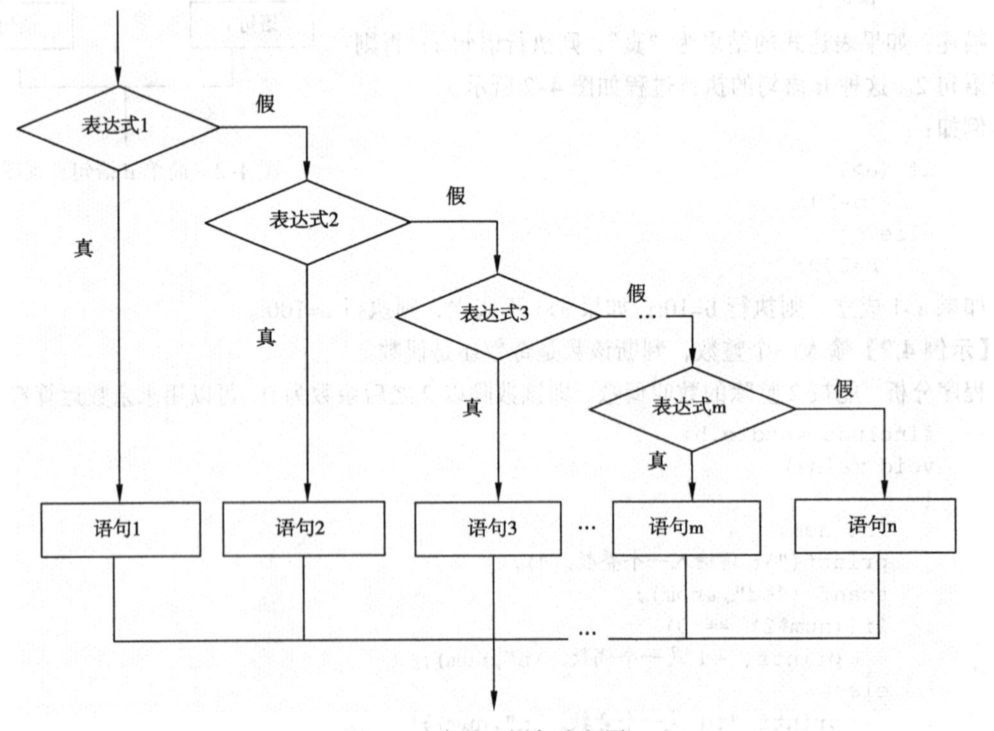

图 4-3　多重 if 语句流程图

例如：

```
if (a>1)  b=10;
else  if(a>2)
    b=20;
else  if(a>3)
    b=30;
else  if(a>4)
    b=40;
else
    b=100;
```

如果 a>1 的结果为“真”，则执行 b=10;，退出 if 语句；否则去判断 a>2，如果 a>2 的结果为“真”，则执行 b=20，退出 if 语句；否则去判断 a>3，依此类推。

【示例 4.3】要求判别从键盘输入字符的类别。

程序分析：可以根据输入字符的 ASCII 码来判别类型。ASCII 码值小于 32 的为控制字符，在 0～9 之间的为数字，在 A～Z 之间的为大写字母，在 a～z 之间的为小写字母，其余的则为其他字符。

```
#include <stdio.h>
void main()
{
    char c;
    printf("\n 请输入一个字符: ");
    c=getchar();
    if(c<32)
        printf("\n 该字符是一个控制字符。\n");
    else if(c>='0'&&c<='9')
        printf("\n 该字符是一个数字。\n");
    else if(c>='A'&&c<='Z')
        printf("\n 该字符是一个大写字母。\n");
    else if(c>='a'&&c<='z')
        printf("\n 该字符是一个小写字母。\n");
    else
        printf("\n 该字符是其他字符。\n");
}
```

程序运行结果：

```
请输入一个字符：F
该字符是一个大写字母。
```

```
请输入一个字符：&
该字符是其他字符。
```

4.1.3　嵌套 if 语句

if 语句的嵌套是指 if 语句中又包含了一个或多个 if 语句。嵌套即可以出现在 if 语句块中，也可以出现在 else 语句块中。一般形式如下：

```
if(表达式 1)
    if(表达式 2)    语句序列 1;
    else           语句序列 2;
else
    if(表达式 3)    语句序列 3;
    else           语句序列 4;
```

描述：如果表达式 1 的结果为“真”，则继续判断表达式 2 的结果，如果表达式 2 的结果为真，执行语句 1，退出 if 语句；否则执行语句序列 2。如果表达式 1 的结果为假，则继续判断表达式 3 的结果，如果表达式 3 的结果为真，执行语句序列 3，退出 if 语句；否则执行语句序列 4。

这种 if 语句的执行过程如图 4-4 所示。

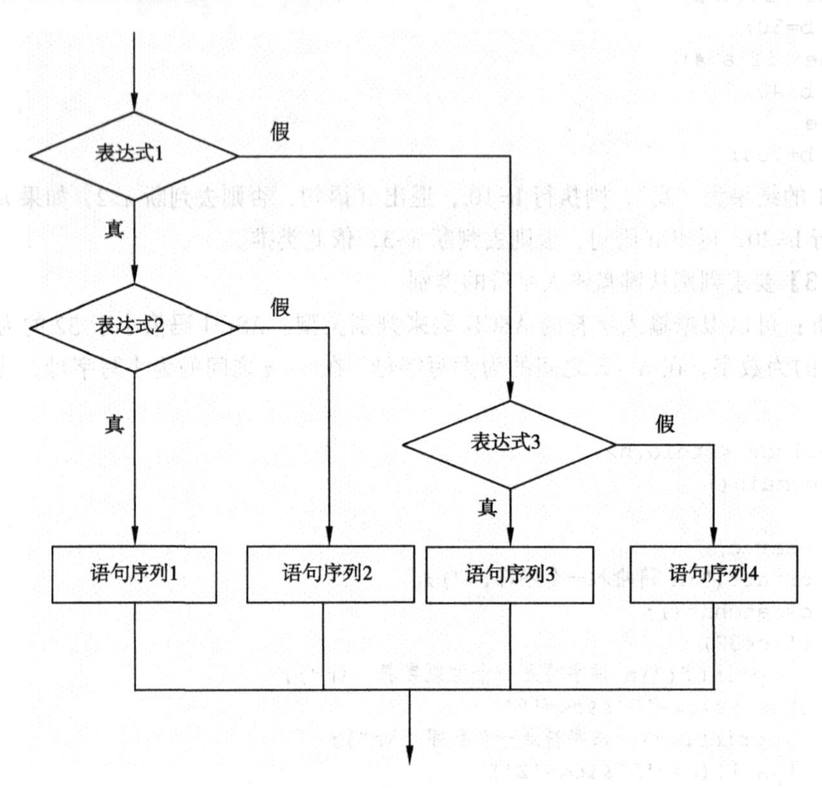

图 4-4　嵌套 if 语句流程图

除了上述形式之外，嵌套 if 语句还有其他几种形式：

（1）形式 1：

```
if(表达式 1)
    if(表达式 2)    语句序列 1;
```

（2）形式 2：

```
if(表达式 1)
    语句序列 1;
else
if(表达式 2         语句序列 2;
else                语句序列 3;
```

（3）形式 3：

```
if(表达式 1)
    if(表达式 2)    语句序列 1;
    else            语句序列 2;
```

在 C 语言中，对于多重嵌套 if 语句，最容易出现的就是 if 与 else 的配对错误。嵌套中的 if 与 else 的配对关系非常重要。C 语言规定其原则为：从最内层开始，else 总是与其上面相邻最近的不带 else 的 if 配对。如果 if 和 else 的数目不统一，可以加{}明确配对关系。通常情况下，在书写嵌套格式时采用“向右缩进”的形式。以保证嵌套的层次结构分明，可读性强。

例如：

```
if(x>1)
    if(x>10) y=1;
else y=2;    /*容易引起二义性的书写格式*/
```

虽然将 else 写在与第一个 if 同一层次上，企图使得两者相配对，但是由于 else 与第 2 个 if 相邻最近，实际上 else 是与第 2 个 if 配对，即在 1<=x<=10 之间 y=2;。改进的办法是使用复合语句形式，将上述程序段修改为：

```
if(x>1)
    {if(x>10) y=1;}
else y=2;
```

这里通过{ }限定了 if 语句的动作范围，使得 else 与第一个 if 配对，此时，当 x<=1 时 y=2;，x>10 时 y=1;。

【示例 4.4】嵌套 if 结构示例。

程序如下：

```
#include <stdio.h>
void main()
{
    int a,b;
    printf("\n 请输入 A 和 B 的值：");
    scanf("%d%d",&a,&b);
    if(a!=b)
        if(a>b)
            printf("\n A>B\n");
        else
            printf("\n A<B\n");
    else
        printf("\n A=B\n");
}
```

程序运行结果：

```
请输入 A 和 B 的值：45 36
A>B
```

4.1.4　if 语句示例

【示例 4.5】判断给定的年份是否为闰年。

程序分析：

闰年的判定规则：能被 4 整除但不能被 100 整除的年份，或能被 400 整除的年份。

```
#include <stdio.h>
void main()
{
    int year;
    printf("\n 请输入年份：");
    scanf("%d",&year);
```

```
        if((year % 4 ==0 && year % 100 != 0) || (year % 400 == 0))
            printf("\n %d 年是闰年 \n ", year);
        else
            printf("\n %d 年不是闰年 \n ", year);
    }
```

程序运行结果：

```
请输入年份：2011
2011 年不是闰年
```

【示例 4.6】已知西瓜的价格规定如下：低于 5 kg 的西瓜每千克 a 元，高于 5 kg 不足 10 kg 的西瓜每千克 b 元，10 kg 以上（含 10 kg）的西瓜每千克 c 元。编程计算重量为 x kg 的西瓜应付多少钱？

```
#include <stdio.h>
void main()
{
    double a,b,c,x,p;
    printf("输入重量 x,以及价钱 a,b,c: ");
    scanf("%lf%lf%lf%lf",&x,&a,&b,&c);
    if(x<=5)
        p=a*x;
    else if(x>5 && x<10)
        p=b*x;
    else
        p=c*x;
    printf("%7.2f\n",p);
}
```

程序运行结果：

```
输入重量x,以及价钱a,b,c: 10 1.2 4.5 5.2
 52.00
```

【示例 4.7】分析当输入 10，20，30 和 10，20，40 时程序的输出结果。

```
#include <stdio.h>
void main()
{
  int x;
  int y;
  int z;
  printf("\n 请输入第一个数:  ");
  scanf("%d", &x);
  printf("\n 请输入第二个数:  ");
  scanf("%d", &y);
  printf("\n 请输入第三个数:  ");
  scanf("%d", &z);

  if(x<30)
  {
    if(y<30)
    {
      if(z==40)
      {   /* 如果所有三个条件均为真，则显示消息 */
          printf("\n 满足全部三个条件。 \n ");
```

```
        }
        else
        {   /* 如果前两个条件均为真，则显示消息 */
            printf("\n 满足前两个条件。 \n ");
        }
      }
      else
      {   /* 如果第一个条件为真，则显示消息 */
          printf("\n 仅满足第一个条件。 \n ");
      }
    }
    else
        printf("\n 一个条件也不满足。 \n ");
}
```

程序运行结果：

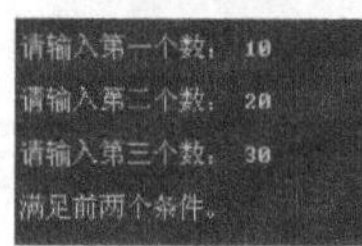

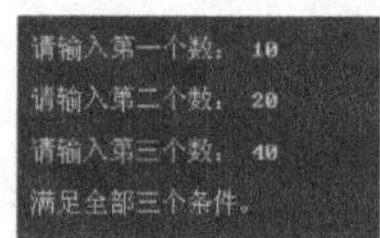

4.2　switch 语句

4.2.1　switch 语句简介

采用 if...else if...语句格式实现多分支结构，实际上是将问题细化成多个层次，并对每个层次使用单、双分支结构的嵌套，采用这种方法一旦嵌套层次过多，将会造成编程、阅读和调试的困难。某种算法要用某个变量或表达式单独测试每一个可能的整数值常量，然后做出相应的动作。可以通过 C 语言提供的 switch 语句直接处理多分支选择结构。

一般形式：

```
switch （表达式）
{
    case 常量标号 1: 语句序列 1;
        break;
    case 常量标号 2: 语句序列 2;
        break;
    …
    case 常量标号 n: 语句序列 n;
        break;
    default:  语句 S;
}
```

描述：

（1）表达式：可以控制程序的执行过程，表达式的结果必须是整数、字符或枚举量值。

（2）case 后面的常量标号，其类型应与表达式的数据类型相同。表示根据表达式计算的结果，可能在 case 的标号中找到。标号不允许重复，具有唯一性，所以只能选中一个 case 标号。尽管标号的顺序可以是任意的，但从可读性角度而言，标号应按顺序排列。

（3）语句序列是 switch 语句的执行部分。针对不同的 case 标号，语句序列的执行内容是不同的，每个语句序列允许有一条语句或多条语句组成，但是case中的多条语句不需要按照复合语句的方式处理（用{}将语句括起来），若某一语句序列i为空，则对应的break语句可以略（去掉）。

（4）break是中断跳转语句，表示在完成相应的case标号规定的操作之后，不继续执行switch语句的剩余部分而直接跳出switch语句之外，继而执行switch结构后面的第一条语句。如果不在switch结构的case中使用break语句，程序就会接着执行下面的语句。

（5）default用于处理所有switch结构的非法操作。当表达式的值与任何一个case都不匹配时，则执行default语句。default语句是可选项，如果没有default语句，程序在找不到匹配的case分支后，将在switch语句范围内什么也不做，直接退出switch语句。

例如：

```
int select=2;
switch(select)
{
    case 1: printf("c program.\n");
        break;
    case 2: printf("basic program.\n");
    case 3: printf("pascal program.\n");
        break;
}
```

当select的值为2时，程序的结果是：

```
basic program.
pascal program.
```

将变量select逐个与case后的常量进行比较，若与其中一个相等，则执行该常量下的语句；若不与任何一个常量相等，则执行default后面的语句。当select的值为2时，与case 2相等，所以执行printf("basic program.\n");，但在case 2语句后面没有break语句，所以程序不再进行标号的判断直接执行了下一条语句，直到遇到break语句。

利用switch结构中break语句的特点，可以实现多个case共用一组执行语句。当switch结构的多个case标号需要执行相同的语句时，可以采用下面的格式：

```
switch (i)
{
    case 1:
    case 2:
    case 3:语句1;break;
    case 4:
    case 5: 语句2;break;
}
```

当整型变量i的值为1、2或3时，执行语句1；当整型变量i的值为4、5时执行语句2；将几个标号列在一起，意味着这些条件具有一组相同的动作。

【示例4.8】根据用户输入的月份，输出该月份的天数。

程序分析：要判断输入的月份有多少天，就要知道该月是大是小，对于每一年而言，大月（1、3、5、7、8、10、12）有31天，小月（4、6、9、11）有30天，闰年2月是29天，平年2月为28天。

```
#include <stdio.h>
void main()
```

```
{
  int month;
  printf("\n 请输入月份数:  ");
  scanf("%d",&month);
  switch(month)  /* switch 语句开始*/
  {
    case 4 :
    case 6 :
    case 9 :
    case 11 :
        printf("\n 最大天数为 30。\n");
        break;

    case 1 :
    case 3 :
    case 5 :
    case 7 :
    case 8 :
    case 10 :
    case 12 :
        printf("\n 最大天数为 31。\n");
        break;

    case 2 :
        printf("\n 最大天数为 28 或 29。\n");
        break;

     default  : printf("\n 错误输入\n");
  } /*switch 语句结束*/
}
```

程序运行结果：

```
请输入月份数: 5
最大天数为 31。
```

4.2.2　switch 语句示例

【示例 4.9】编写一个简单计算器，完成两个整型数的四则运算（数与运算符由键盘输入）。

```
#include <stdio.h>
void main()
{
  int a,b;
  char op;
  printf("\n 输入操作数 1,运算符,操作数 2:  ");
  scanf("%d,%c,%d",&a,&op,&b);
  switch(op)
  {
   case '+':
     printf("\n %d+%d=%d\n",a,b,a+b);
     break;
   case '-':
```

```
        printf("\n %d-%d=%d\n",a,b,a-b);
        break;
      case '*':
        printf("\n %d×%d=%d\n",a,b,a*b);
        break;
      case '/':
        printf("\n %d/%d=%d\n",a,b,a/b);
        break;
      default:
        printf("\n 运算符错误! ");
    }
  }
```

程序运行结果：

```
输入操作数1,运算符,操作数2: 4,*,8
4×8=32
```

4.3 if 语句和 switch 语句的比较

if 语句和 switch 语句相比较，主要有以下不同之处：

（1）多重 if 结构和 switch 结构都可以用来实现多路分支。

（2）多重 if 结构用来实现两路、三路分支比较方便，而 switch 结构实现三路以上分支比较方便。

（3）在使用 switch 结构时，应注意 switch 语句只能对整型（字符型、枚举型）等进行测试，而且 case 语句后面必须是常量表达式。

（4）有些问题只能使用多重 if 结构来实现，if 语句可以处理任意数据类型的关系表达式、逻辑表达式及其他表达式。例如，要判断一个值是否处在某个区间的情况。

4.4 条件运算符

条件运算符是 C 语言中唯一的一个三目运算符，它要求有三个运算对象，每个运算对象的类型可以是任意类型的表达式（包括任意类型的常量、变量和返回值为任意类型的函数调用）。

一般形式：

```
<表达式 1>? <表达式 2>: <表达式 3>
```

计算过程：计算<表达式 1>的值，如果为真（非 0），则计算<表达式 2>的值，并将<表达式 2>的值作为整个条件表达式的结果值；如果为假（0），则计算<表达式 3>的值，并将<表达式 3>的值作为整个条件表达式的结果值。就是说，根据条件的真/假，只能选择一个表达式的结果作为整个表达式的结果。

例如：

```
int a=2;float b=5.2;
```

表达式!a?2*b：b 的结果为 5.2。因为!a 的结果值为 0（假），所以表达式 b 的值是整个条件表达式的结果值。

条件运算符是 if...else 语句的另一种表现形式，此运算符等同于如下 if...else 结构：

```
if (表达式 1)
{
    表达式 2;
}
else
{
    表达式 3;
}
```

【示例 4.10】比较两个整数的大小。

程序分析：首先检查表达式 num1>num2，判断其值是真还是假。如果此表达式的值为真即 num1>num2，则将 num1 的值赋值给 max。否则，将 num2 的值赋值给 max。

```
#include <stdio.h>
void main()
{
    int num1;
    int num2;
    int max;
    printf("\n 请输入第一个数： ");
    scanf("%d", &num1);
    printf("\n 请输入第二个数： ");
    scanf("%d", &num2);
    /* 使用含有三元运算符的代码检查 num1 是否大于 num2 */
    max=num1 > num2 ? num1 :num2;
    printf("\n 二个数中较大的是: ");
    printf("%d",max);
}
```

程序运行结果：

```
请输入第一个数： 6
请输入第二个数： 8
二个数中较大的是： 8
```

现场练习 3:

接收用户输入的产品成本价和售价。比较这些值，然后显示一则消息，指出用户是获利还是亏本。

小　　结

（1）多重 if 结构就是在主 if 块的 else 部分中还包含其他 if 块。

（2）嵌套 if 结构是在主 if 块中还包含另一个 if 语句。

（3）C 语言规定，嵌套 if 结构中每个 else 部分总是与前面最近的那个缺少对应的 else 部分的 if 配套。

（4）switch 结构也可以用于多分支选择。用于分支条件是整型表达式，而且判断该整型表达式的值是否等于某些值（可以罗列的），然后根据不同的情况，执行不同的操作。

（5）条件运算符是 if...else 语句的另一种表现形式。

作　业

1. 选择题

（1）设 x=30，y=150;，则执行下面一段程序后的结果是（　　）。

```
if(x>20||x<-10)
  if(y<100&&y>x) printf("good");
else printf("bad");
```

A. good　B. bad　C. good bad　D. bad good

（2）假设整型变量 a 的值是 1，b 的值是 2，c 的值是 3，则 u=(a==2)?b+a:c+a;的值为（　　）。

A. 0　B. 3　C. 4　D. 5

（3）分析下面的代码段，如果 a=0.8，那么输出结果是（　　）。

```
if(a<0.7)
   printf("1");
else if(a<1)
   print("2");
else
   printf("3");
```

A. 2　B. 3　C. 不打印任何结果　D. 1

（4）在 switch 结构中，（　　）子句不是必选项。

A. switch　B. case　C. default　D. else

（5）分析下面的代码，如果输入 85，那么将输出（　　）。

```
#include <stdio.h>
void main()
{
  int mks;
  printf("请输入分数：");
  scanf("%d", &mks);
  mks>90?printf("优秀");:printf("一般");
}
```

A. 优秀　B. 语法错误　C. 一般　D. 不会显示任何结果

2. 编程题

（1）输入一个 5 位数，判断它是不是回文数（12321 是回文数，个位与万位相同，十位与千位相同）。

（2）编写一个程序，根据用户输入的三角形的三边判定三角形的类型（等边、等腰、直角、一般），并求其面积。提示：确定组成三角形的条件，任意两边之和大于第三边（包括三种情况）；如果可以构成三角形，计算该三角形的面积，并继续判定是哪类三角形，这些三角形包括：等边三角形（三边相等）、等腰三角形（任意两边相等，三种情况）、直角三角形（两边平方之和等于第三边平方，三种情况）、一般三角形；如果不能构成三角形，则提示相应信息。

（3）要求用户输入一个字符并检查它是否为元音字母。

第5章 循环结构程序设计

学习目标：

- 理解为什么使用循环结构。
- 熟练掌握 while 循环、do…while 循环、for 循环的使用。
- 理解 while 和 do…while 的区别。
- 理解 break 和 continue 语句的用法。
- 熟练使用嵌套循环。

完成任务：

扩展学生成绩管理系统，循环录入每名学生的成绩，计算平均分，对成绩的有效性进行检测，并能统计优秀成绩的学生比例。

5.1 循环应用的必要性

循环就是反复。生活中，需要反复的事情很多，譬如你我的人生，就是一个反复，反复每一天的生活，幸好，我们每天的生活并不完全一个样。

循环结构是结构化程序设计的三种基本结构之一，在程序设计中对于那些需要重复执行的操作应该采用循环结构来完成，利用循环结构处理各类重复操作既简单又方便，可以让代码最大限度地优化。

例如，下面的代码：

```
int result1,result2,result3, result4,result5;
result1=1*10; printf("1 × 10 = %d \n",result1);
result2=2*10; printf("2 × 10 = %d \n",result2);
result3=3*10; printf("3 × 10 = %d \n",result3);
result4=4*10; printf("4 × 10 = %d \n",result4);
result5=5*10; printf("5 × 10 = %d \n",result5);
```

输出结果为：

```
1 × 10 =10
2 × 10 =20
3 × 10 =30
4 × 10 =40
5 × 10 =50
```

代码中的结果计算语句及输出语句均为重复语句，区别在于被乘数不同，因此可以用循环结构把之描述为（上一个数字+1）×10 的重复操作。

需要多次重复执行一个或多个任务的问题均可考虑使用循环来解决，在C语言中有三种可以构成循环结构的循环语句：while、do...while 和 for，本章将一一进行介绍。

5.2 while 循环

while 是“当”的意思，由 while 语句构成的循环也称“当”型循环。while 循环由 4 个部分组成：循环变量初始化、继续条件、循环体、改变循环变量的值，如图 5-1 所示。

while 循环的一般语法：

```
while(条件表达式)
{
    循环体语句;
}
```

语句中的条件表达式就是图 5-1 中的继续条件。

首先把 while 语句和 if 语句做个比较：

```
if(条件表达式)
{
   条件成立时执行的语句;
}
```

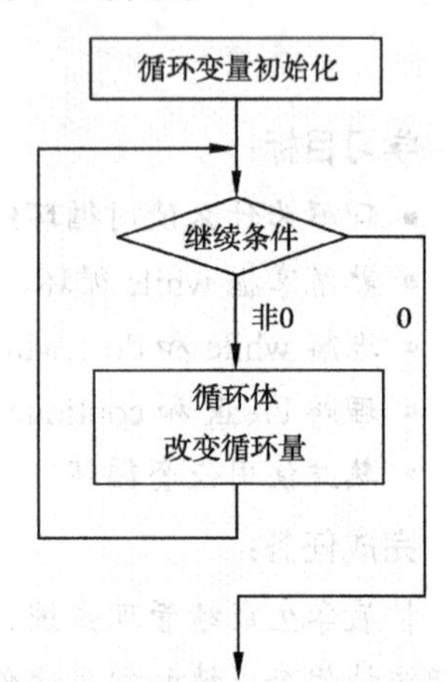

图 5-1　while 循环结构流程图

while 语句和 if 语句二者除了关键字不一样以外，结构完全一样。但是，在条件成立时，if 语句仅执行一遍，而 while 语句则反复执行，直到条件不再成立。

while 循环的工作原理：计算表达式的值，当值为真（非 0）时，执行循环体语句，一旦条件为假，就停止执行循环体。如果条件在开始时就为假，那么不执行循环体语句直接退出循环。

由以上工作原理可知，while 后圆括号中表达式的值决定了循环体是否被执行。因此，进入 while 循环后，一定要有能使此表达式的值变为 0 的操作，否则循环将会无限制地进行下去，成为无限循环（死循环）。若此表达式的值不变，则循环体内应有在某种条件下强行终止循环的语句（如 break 等）。

例如，下面的代码表示了一个 while 循环：

```
i=1;                        //循环变量初始化
while(i<=10)                //继续条件
{                           //循环体
    sum=sum+i;
    i++;                    //改变循环变量的值
}
```

该例是计算 sum=1+2+3+...+10 的代码片段。初始化是对循环变量 i 而言。在开始循环前给控制变量赋初值（i=1）是非常重要的，继续条件（i<=10）决定循环继续多久。通常在继续条件的表达式中，总是包括循环变量。循环体包括在执行循环时将要做的操作。

说明：

（1）while 是 C 语言的关键字。

（2）while 后一对圆括号中的表达式可以是 C 语言中任意合法的表达式，不能为空，由它来控制循环体是否执行。

（3）循环体只有一条语句时，循环体两侧的花括号可以省略。

【示例 5.1】编写程序，求 $1^2+2^2+3^2+\cdots+n^2$，直到累加和大于或等于 10000 为止。

```
#include <stdio.h>
void main()
{
    int  i,sum;
    i=0;sum=0;                              /*i 和 sum 的初值为 0*/
    while(sum<10000)                        /*当 sum 小于 10000 时执行循环体*/
    {
        sum+=i*i;                           /*sum 累加 i 的平方*/
        i++;                                /*在循环体中每累加一次后，i 增 1*/
    }
    printf("n=%d sum= %d \n",i-1,sum);     /*n 代表最后一项的值*/
}
```

程序运行结果：

```
n=31 sum= 10416
Press any key to continue
```

现场练习 1：

从键盘输入数据 n，编写程序计算 n!。

【示例 5.2】编写程序，要求它从 0～250 ℃，每隔 20 ℃为一项，输出一个摄氏温度与华氏温度的对照表，同时要求对照表中的条目不超过 10 条。

```
#include <stdio.h>
void main()
{
    int c=0,count=0;
    double f;
    while (c<=250 && count<10)
    {
        count++;
        printf("%d: ",count);
        f=c*9/5.0+32.0;
        printf("C = %d, F = %7.2f\n",c,f);
        c=c+20;
    }
}
```

程序运行结果：

```
1: C = 0, F =   32.00
2: C = 20, F =   68.00
3: C = 40, F =  104.00
4: C = 60, F =  140.00
5: C = 80, F =  176.00
6: C = 100, F =  212.00
7: C = 120, F =  248.00
8: C = 140, F =  284.00
9: C = 160, F =  320.00
10: C = 180, F =  356.00
Press any key to continue
```

该例中 while 循环的条件是逻辑运算符“&&”连接起来的两个关系表达式，当条件成立时，执行循环体，输出温度对照表，变量 count 作为计数器，记录当前显示的温度对照条目；当不满足条件时，退出循环结构，程序结束。

现场练习 2：

读出如下程序运行结果。

```
#include <stdio.h>
void main()
{
    int num=1,result;
    while(num<=10)
    {
        result=num*10;
        printf("%d × 10 = %d \n",num,result);
        num++;
    }
}
```

5.3 do...while 循环

do...while 循环的一般语法：

```
do
{
    循环体语句；
}while(条件表达式)；
```

do...while 循环的工作原理：先执行循环体中的语句，然后再判断条件是否为真（非 0），如果为真则继续循环；如果为假，则终止循环。

do...while 循环结构流程图如图 5-2 所示。

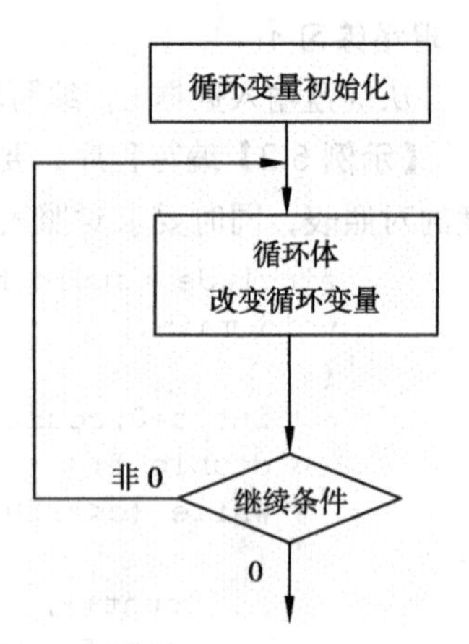

图 5-2 do...while 循环结构流程

该语句使循环至少执行一次。

例如，要从键盘中得到一个范围为 1~10 的数：

```
int val;
do
{                                                    //循环体
    printf("请输入一个 1~10 之间的数: ");
    scanf("%d",&val);                                //修改条件
    if(val<1||val>10)
        printf("这个数不在 1~10 之间\n");
}while(val<1||val>10);                               //继续条件
printf("您输入的数为: %d\n",val);
```

该程序段读入一个 1~10 之间的数，若输入数据为 1~10 之间的数就越过循环，执行显示读入的数值。

do...while 循环至少执行一次，因为直到程序到达循环体的尾部遇到 while 时，才知道继续条件是什么。如果继续条件仍然成立，程序回到 do...while 循环的顶部，继续循环。

在循环体中，if 语句的条件和 while 的继续条件是同一个，那只是一个巧合，并非必须。

代码中，继续条件的不断变化很重要。如果 val 值恒定不变，则继续条件也永不改变，导致死循环。

说明：

（1）do 是 C 语言的关键字，必须和 while 联合使用

（2）do...while 循环由 do 开始，至 while 结束。必须注意的是：在 while(表达式)后的“;”不可丢，它表示 do...while 语句的结束。

（3）while 后一对圆括号中的表达式可以是 C 语言中任意合法的表达式，不能为空，由它来控制循环体是否执行。

（4）循环体只有一条语句时，循环体两侧的花括号可以省略。

【示例 5.3】 编写程序，计算 sum=1+2+3+⋯+100。

```
#include <stdio.h>
void main()
{
    int i,sum=0;
    i=1;
    do
    {
        sum=sum+i;
        i=i+1;
    }while(i<=100);
    printf("sum=%d\n",sum);
}
```

程序运行结果：

```
sum=5050
Press any key to continue
```

现场练习 3:

读出如下程序运行结果。

```
#include <stdio.h>
void main()
{
    int f1,f2,f;
    f1=0;f2=1;
    do
    {
        f=f1+f2;
        f1=f2;
        f2=f;
    }while(f2<=20);
    printf("F=%d\n",f2);
}
```

【示例 5.4】 猜数游戏。要求猜一个介于 1～10 之间的数字，根据用户猜测的数与标准值进行对比，并给出提示，以便下次猜测能接近标准值，直到猜中为止。

```
#include <stdio.h>
void main()
{
    int number=5,guess;
    printf ("猜一个介于 1 与 10 之间的数\n");
```

```
        do
        {
           printf("请输入您猜测的数: ");
           scanf("%d",&guess);
           if (guess > number)
              printf("太大\n");
           else if (guess < number)
              printf("太小\n");
        }while (guess != number);
        printf("您猜中了!  答案为 %d\n",number);
     }
```

程序运行结果：

```
猜一个介于 1 与 10 之间的数
请输入您猜测的数: 4
太小
请输入您猜测的数: 8
太大
请输入您猜测的数: 5
您猜中了!  答案为 5
Press any key to continue
```

5.4 对比 while 循环和 do...while 循环

while 循环和 do...while 循环的功能均为重复执行一个或多个操作，但执行过程却是截然不同的。while 循环是先判断后执行，所以，如果条件为假，则循环体一次也不会被执行；而 do...while 循环是先执行后判断，所以，即使开始条件为假，循环体也至少会被执行一次。

例如，观察如下代码片段执行后 a 的值：

```
int a=0;                                  int a=0;
while(a>0)                                do
{                                         {
   a--;                                      a--;
}                                         }while(a>0);
```

在 while 循环中，先判断条件(a>0)，条件为假，a--并未执行，所以 a 仍为 0；而在 do...while 循环中，遇到 do 先执行 a--后，然后判断条件(a>0)，所以 a 的值变为-1。

do...while 循环中，while(继续条件)后面的分号不要遗忘。不要把 do...while 循环与 while 循环使用空语句作为循环体的形式相混淆。

例如：

```
do sum+=i++;                   while(i++<10000); //while 时间延迟代码段
while(i<=100);
//do...while 求和代码段
```

因为它们从局部看都是：

```
while(表达式);
```

为明显区分它们，do...while 循环体即使是一个单语句，习惯上也是用花括号包围起来，并且 while(表达式)直接写在“}”的后面。这样的书写格式可以与 while 循环清楚地区分开来。例如：

```
do
{
   sum+=i++;
}while(i<=100);
```

5.5 for 循 环

可以用图来描述 for 循环结构，如图 5-3 所示。

for 循环的一般语法：

```
for(表达式 1;表达式 2;表达式 3)
{
    循环体语句;
}
```

for 循环的工作原理：

（1）计算表达式 1 的值，通常是为循环变量赋初值。

（2）计算表达式 2 的值，即判断循环条件是否为真，若值为真则执行循环体一次，否则跳出循环。

（3）计算表达式 3 的值，这里通常写更新循环变量的赋值表达式，然后转回第（2）步重复执行。

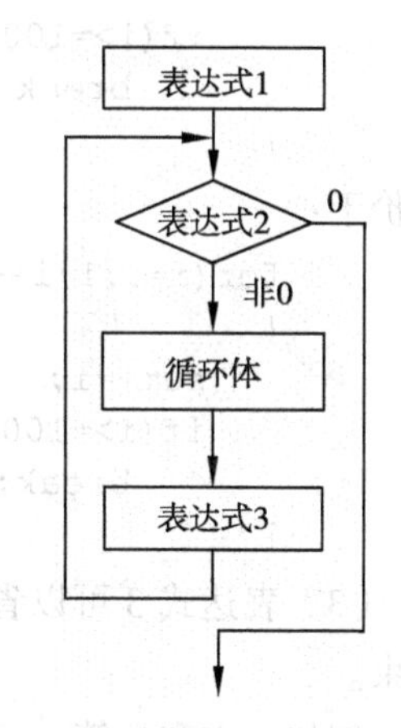

图 5-3　for 循环结构流程图

C 语言中的 for 语句相对 while 和 do...while 来说较为灵活。它不仅可以用于循环次数已经确定的情况，而且可以用于循环次数不确定而只给出循环结束条件的情况。

例如，for 循环对于求和来说，方式更简单、可读：

```
for(i=1;i<=100;i++)                    //初始化，继续条件，步长都在顶部描述
{
    sum+=i ;                           //循环体相对简洁
}
```

如果将 for 语句的一般形式用 while 来表达，则为如下：

```
表达式 1;
while(表达式 2)
{
    循环体语句;
    表达式 3;
}
```

所以 for 语句是将循环体所用的控制放在循环顶部统一表示，显得更直观。除此之外，for 语句还充分表现了其灵活性。

（1）表达式 1（初始化循环变量）可以省略。此时应在 for 语句之前给循环变量赋初值。若省略表达式 1，其后的分号不能省略。

例如，求和运算：

```
i=1;
for(;i<=100;i++)                       //分号不能省略
    sum+=i;
```

执行时，跳过计算表达式 1 这一步，其他不变。由于循环体由一条语句构成，所以循环体两侧的花括号可以省略。

（2）表达式 2 可以省略，即不判断继续条件，循环无终止进行下去。也就是认为表达式 2 始终为真。这时候，需要在循环体中有跳出循环的控制语句，否则将成为死循环。

例如，求和运算：

```
for(i=1;;i++)                    //分号不能省略
{
    sum+=i;
    if(i>=100)
       break ;
}
```

等价于：

```
for(i=1;1;i++)                   //表达式 2 始终为真（即为 1）
{
    sum+=i;
    if(i>=100)
       break;
}
```

（3）表达式 3 可以省略。但此时程序员应另外设法让循环变量递进变化，以保证循环能正常结束。

例如，求和运算：

```
for(i=1;i<=100; )                //分号不能省略
    sum+=i++ ;                   //同时改变循环变量
```

在循环体中，必须自己对循环变量进行修改（i++），其效果与在表达式 3 上设置是一样的。

（4）表达式 1 和表达式 3 可同时省略。

例如，下面的代码同样能完成求和运算：

```
i=1;
for(;i<=100;)
    sum+=i++;
```

（5）三个表达式都可省略，即不设初值，不判断条件（认为表达式 2 为真），循环变量不增值，无终止执行循环体。

例如，求和运算：

```
i=1;
for(;;)
{
    sum+=i++;
    if(i>100)
       break;
}
```

（6）表达式 1、表达式 2、表达式 3 都可以为任何表达式。

例如，求和运算中可设置 sum 的初值：

```
for(sum=0; <=100;i++)
    sum+=i;
```

又如，表达式 1 为逗号表达式：

```
for(sum=0,i=1;i<=100;i++)
    sum+=i;
```

又如，表达式 1 和表达式 3 都为逗号表达式：

```
for(i=0,j=100,k=0;i<=j;i++,j--)
    k+=i*j;
```

又如，表达式 2 和表达式 3 可以为赋值或算术表达式的情况，下面两个语句都可以完成同样的求和运算：

```
for(i=1;i<=100;sum+=i++) ;          //循环体为空语句
for(i=1;sum+=i++,i<=100;) ;         //表达式 3 省略，循环体为空语句
```

注意：在了解以上各种编程方法的同时，不要忘了可读性。

【示例 5.5】从键盘输入数字 n，编写程序，实现加法表：

```
0      +    n      =   n
1      +   (n-1)   =   n
…
(n-1)  +     1     =   n
n      +    0      =   n
```

程序代码如下：

```
#include <stdio.h>
void main()
{
    int i,j,max;
    printf("请输入一个值 \n");
    printf("根据这个值可以输出以下加法表: ");
    scanf("%d",&max);
    for(i=0,j=max;i<=max;i++,j--)
        printf("\n %d  +  %d  =  %d",i,j,i+j);
    printf("\n");
}
```

程序运行结果：

在该程序中，表达式 1 和表达式 3 均为逗号表达式，其中变量 i 和 j 是循环变量，变量 i 的变化范围是 0～max，变量 j 的变化范围是 max～0，满足循环条件时，输出 i 和 j 作为操作数的加法算数式。

现场练习 4：

6 能被 1、2、3、6 整除，这些数称为 6 的因子。编写程序，使用 for 循环求得并列出 36 的所有因子。

【示例 5.6】编写程序，计算半径为 0.5、1.0、1.5、2.0、2.5 时的圆面积（面积保留 2 为小数）。

```
#include <stdio.h>
void main()
{
    double r,s,Pi=3.14;
    for(r=0.5;r<=2.5;r+=0.5)
    {
        s=Pi*r*r;
        printf("r=%3.1f\ts=%.2f\n",r,s);
    }
}
```

程序运行结果：

```
r=0.5    s=0.79
r=1.0    s=3.14
r=1.5    s=7.06
r=2.0    s=12.56
r=2.5    s=19.63
Press any key to continue
```

5.6 对比三种循环

需要多次重复执行一个或多个任务的问题考虑使用循环来解决。到目前为止，学过的循环结构有 while 循环、do...while 循环及 for 循环。其中，while 和 for 相同，先进行判断，后执行循环体内容；do...while 是先执行，后判断，至少执行一次。

例如，如下代码：

```
int i=1;
int fac=1;

while(i<=5){
    fac=fac*i;
    i++;
}
```

```
int i=1;
int fac=1;

do{
    fac=fac*i;
    i++;
}while(i<=5);
```

```
int fac=1;
for(int i=1;i<=5;i++)
{
    fac=fac*i;
}
```

以上三段代码，while 循环和 for 循环均先判断继续条件（i<=5）是否成立，然后执行循环体；而 do...while 循环则先执行一次循环体语句，然后再判断继续条件。

另外，for 循环具有更好的灵活性，应用更简洁，使程序既精练又可读。

5.7 break 跳转语句和 continue 跳转语句

5.7.1 break 跳转语句

break 语句一般语法：

```
break;
```

break 语句用在 while、do...while、for 和 switch 语句中。

在 switch 语句中，break 用来使流程跳出 switch 语句，继续执行 switch 后的语句。

在循环语句中，break 用来从最近的封闭循环体内跳出。

注意： *在多层循环中，一个 break 语句只向外跳一层。*

【示例 5.7】 1~10 之间的整数相加，得到累加值大于 20 的当前数。

```
#include <stdio.h>
void main()
{
    int sum=0,i;
    for(i=1;i<=10;i++)
    {
        sum=sum+i;
        if(sum>20)
        {
```

```
                printf("当前数是:%d\n",i);
                break;              //跳出循环
            }
        }
    }
```

程序运行结果：

```
当前数是:6
Press any key to continue
```

现场练习 5：

若输入为 Hello,world!　I'm John!，阅读如下程序并给出运行结果。

```
#include <stdio.h>
void main()
{
    int count=0,ch;
    printf("\n请输入一行字符: ");
    while((ch=getchar())!='\n')
    {
        if(ch==' ')
            break;
        count++;
    }
    printf("\n共有 %d 个有效字符。\n",count);
}
```

5.7.2　continue 跳转语句

continue 语句一般语法：

```
continue;
```

continue 语句只能用在循环语句中，作用为结束本次循环，即跳过循环体中尚未执行的语句，接着进行下一次是否执行循环的判定。

在 while 和 do...while 循环中，continue 语句使得流程直接跳到循环控制条件的测试部分，然后决定循环是否继续进行。在 for 循环中，遇到 continue 后，跳过循环体中余下的语句，而去对 for 语句中的“表达式 3”求值，然后进行“表达式 2”的条件测试，最后根据“表达式 2”的值来决定 for 循环是否执行。

【示例 5.8】求整数 1 ~ 100 的累加值，但要求跳过所有个位为 3 的数。

```
#include <stdio.h>
void main()
{
    int i,sum=0;
    for(i=1;i<=100;i++)
    {
        if(i%10==3)
            continue;
        sum+=i;
    }
    printf("sum = %d \n",sum);
}
```

程序运行结果：

```
sum = 4570
Press any key to continue
```

现场练习 6：

阅读如下程序段，分析程序运行结果。

```
#include <stdio.h>
void main()
{
    int i;
    for(i=1;i<=5;i++)
    {
        if(i%2)
            printf("*");
        else
            continue;
        printf("#");
    }
    printf("$\n");
}
```

continue 语句和 break 语句的区别是：continue 语句只结束本次循环，而不是终止整个循环的执行。而 break 语句则是结束整个循环，不再进行条件判断，以 while 循环为例，其两者的差别如图 5-4 所示。

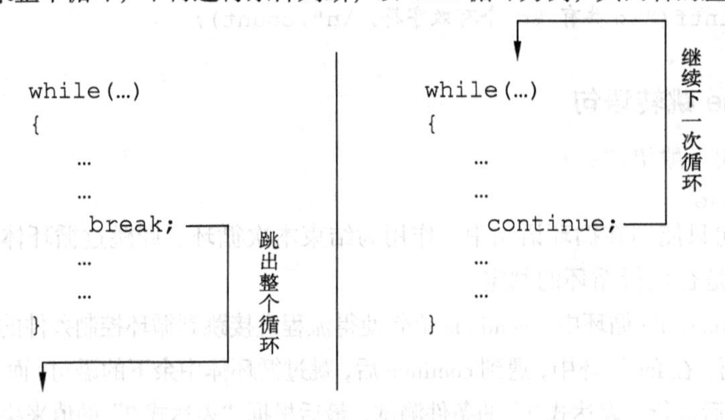

图 5-4　break 与 continue 语句的区别

5.8　循环的嵌套

在一个循环体内又完整地包含了另一个循环，称为循环嵌套。前面介绍的三种类型的循环都可以互相嵌套，循环的嵌套可以多层，但每一层循环在逻辑上必须是完整的。

在编写程序时，基于程序的可读性，循环嵌套的书写要采用缩进形式，如以下例题程序中所示，内循环中的语句应该比外循环中的语句有规律地向右缩进 2~4 列，这样的程序层次分明，易于阅读。

注意：在循环的嵌套中，只有在内循环完全执行结束之后，外循环才进行下一趟。

【示例 5.9】用“*”打印一个直角三角形图案。

```
#include <stdio.h>
```

```
void main()
{
    int nstars=1,stars;
    while(nstars<=10)                        //外循环，确定行数
    {
        stars=1;
        while (stars<=nstars)                //内循环，确定列数
        {
            printf("*");                     //输出*
            stars++;                         //改变内循环变量的值
        }
        printf("\n");                        //换行
        nstars++;                            //改变外循环变量的值
    }
}
```

程序运行结果：

以上程序中，由 nstars 控制的 while 循环中内嵌了一个 while 循环。由 stars 控制的内层 while 循环体有一个输出语句，用来输出一个*，还有一个变量改变语句，指向当前行的下一个位置。当内层循环完全结束后，输出一个\n，用来表示换到下一行，接下来 nstars++表示外层循环变量的改变，进行下一次外循环。

【示例 5.10】打印输出 100～200 之间的全部素数。

分析：按照素数的定义，如果一个数只能被 1 和它本身整除，则这个数是素数。反过来说，如果一个数 i 能被 2 到 i-1 之间的某个数整除，则这个数 i 就不是素数。

```
#include <stdio.h>
void main()
{
    int i,j,n;
    n=0;
    printf("从 100 到 200 之间所有的素数为：\n");
    for(i=100;i<=200;i++)
    {
        for(j=2;j<i;j++)
            if(i%j==0)
                break;
        if(j==i)
        {
            printf("%4d",i);
            n++;
            if(n%8==0)          //每行显示 8 个数
                printf("\n");
        }
```

```
    }
    printf("\n");
}
```

程序运行结果：

```
从100到200之间所有的素数为:
 101 103 107 109 113 127 131 137
 139 149 151 157 163 167 173 179
 181 191 193 197 199
Press any key to continue
```

程序中需要用双重循环来处理。外层循环 i 从 100 到 200，内层循环判断每个 i 是否为素数。在内层循环中若 i%j 的值为 0，就是 i 能被 2 到 i-1 之间的某个数整除，则跳出内层循环。

内循环结束后，在程序的输出部分，判断是否 i= =j，for 循环有两种退出的情况：一种是不满足 j<i 的循环条件而正常退出，此时 j 正好等于 i；另一种是发现 i 整除 j 时的退出，此时 j 小于 i。所以，判断 i 与 j 是否相等，就能知道 i 是否为素数。输出的时候设置了一个打印位置变量 n 作为计数器，每次打印以个素数，变量 n 加 1，当改变量 n 满足模 8 为 0 时，打印一个换行，该代码起到控制每行输出数据个数的作用。

该程序最直接反映了数学定义。

【示例 5.11】 反复输入字符序列，计算输入字符个数（输入 Y/y 继续）。

```
#include <stdio.h>
void main()
{
    int x;
    char i, ans;
    ans='y';
    do
    {
        x=0;
        printf("\n 请输入字符序列: ");
        fflush(stdin);
        do{
            i=getchar();
            x++;
        }while(i!='\n');
        printf("\n 输入的字符数为: %d\n", --x);
        printf("\n 是否需要输入更多序列 (Y/N) ? ");
        fflush(stdin);
        ans=getchar();
    }while(ans=='Y' || ans=='y');
}
```

程序运行结果：

```
请输入字符序列: Goodmorning
输入的字符数为: 11
是否需要输入更多序列 (Y/N) ? y
请输入字符序列: hello
输入的字符数为: 5
是否需要输入更多序列 (Y/N) ? n
Press any key to continue
```

现场练习 7：

编写程序代码，按照下列格式打印九九乘法表。

```
1        2        3        4        5        6        7        8        9
------------------------------------------------------------------------
1        2        3        4        5        6        7        8        9
2        4        6        8        10       12       14       16       18
3        6        9        12       15       18       21       24       27
4        8        12       16       20       24       28       32       36
5        10       15       20       25       30       35       40       45
6        12       18       24       30       36       42       48       54
7        14       21       28       35       42       49       56       63
8        16       24       32       40       48       56       64       72
9        18       27       36       45       54       63       72       81
```

小　　结

（1）循环结构的特点是：在给定条件成立时，重复执行某程序段，直到条件不成立为止。

（2）while 循环用于在给定条件为真的情况下重复执行一组操作，while 循环先判断后执行。

（3）do...while 循环先执行后判断，因此循环将至少执行一次。

（4）在循环中，需要修改循环变量的值以改变循环条件，否则有可能形成死循环。

（5）for 循环与 while 循环类似，属于先判断后执行。

（6）for 语句中有三个表达式：表达式 1 通常用来给循环变量赋初值；表达式 2 通常是循环条件；表达式 3 用来更新循环变量的值。

（7）for 语句中的各个表达式都可以省略，但要注意分号分隔符不能省略。

（8）如果省略表达式 2 和表达式 3 需要在循环体内设法结束循环，否则会导致死循环。

（9）循环嵌套必须将内层循环完整的包含在外层循环中。

（10）在循环的嵌套中，只有在内循环完全执行结束之后，外循环才进行下一趟。

（11）break 语句用在循环中时，可以直接终止循环，将控制转向循环后面的语句。

（12）continue 语句的作用是跳过循环体中剩余的语句而执行下一次循环。

作　　业

1. 编程求 1~100 之间不能被 3 整除的数之和。

2. 求 1~10 之间的所有偶数和。

3. 兔子繁殖问题：设有一对新生兔子，从第三个月开始它们每个月都生一对兔子，按此规律，并假设没有兔子死亡，一年后共有多少对兔子？输出每个月兔子的对数。

4. 用循环语句编程打印如下图案。

```
   *
  ***
 *****
*******
 *****
  ***
   *
```

5. 编程求1000之内的所有“水仙花数”。所谓“水仙花数”，是指一个三位数，其各位数字立方和等于该数本身。例如，153是水仙花数，因为$153=1^3+5^3+3^3$。

6. 编程打印九九乘法表。

（1）九九乘法表形式1：

```
  *    1     2     3     4     5     6     7     8     9
--------------------------------------------------------------
  1    1     2     3     4     5     6     7     8     9
  2    2     4     6     8    10    12    14    16    18
  3    3     6     9    12    15    18    21    24    27
  4    4     8    12    16    20    24    28    32    36
  5    5    10    15    20    25    30    35    40    45
  6    6    12    18    24    30    36    42    48    54
  7    7    14    21    28    35    42    49    56    63
  8    8    16    24    32    40    48    56    64    72
  9    9    18    27    36    45    54    63    72    81
```

（2）九九乘法表形式2：

```
  *    1     2     3     4     5     6     7     8     9
--------------------------------------------------------------
  1    1
  2    2     4
  3    3     6     9
  4    4     8    12    16
  5    5    10    15    20    25
  6    6    12    18    24    30    36
  7    7    14    21    28    35    42    49
  8    8    16    24    32    40    48    56    64
  9    9    18    27    36    45    54    63    72    81
```

（3）九九乘法表形式3：

```
  *    1     2     3     4     5     6     7     8     9
--------------------------------------------------------------
  1    1     2     3     4     5     6     7     8     9
  2          4     6     8    10    12    14    16    18
  3                9    12    15    18    21    24    27
  4                     16    20    24    28    32    36
  5                           25    30    35    40    45
  6                                 36    42    48    54
  7                                       49    56    63
  8                                             64    72
     9                                                81
```

7. 百钱买百鸡问题。鸡翁1值5钱，鸡母1值3钱，鸡雏5值1钱，百钱买百鸡，问应如何分配鸡翁、鸡母、鸡雏的数量。

第 6 章　数　组

学习目标：

- 理解为什么要使用数组。
- 学会 C 语言中数组的语法定义。
- 熟练掌握一维数组的应用。
- 掌握二维数组的应用。
- 掌握用数组实现常用的算法。
- 理解字符数组与字符串的区别。
- 熟练字符数组的应用。

完成任务：

继续扩展学生成绩管理系统，用数组实现某班学生某几门课程的统计情况，并能显示某位学生的所有科目的成绩情况。

6.1　数组应用的必要性

之前章节我们学习了常量、变量、运算符、控制结构，现在我们在用 C 编程的时候遇到了问题，我们想把一批东西保存在一个地方，怎么办？有的同学说用变量，可要知道变量只能保存最后一次放的值，前面放的东西都不见了，那怎么办？

比如：在现实生活中，人们通常使用不同的整理箱来存放物品，但是为了区分每个整理箱放的东西通常在外面做个标记，以便于进行查找和使用，但是最好把同类东西放在同一整理箱内。这种思路可以引入到编程领域，就是数组。

数组是一种特殊的数据存储形式，它可以连续存储属于某个数据类型的多个数据元素。数组中的每一个元素都属于同一个数据类型。由基本数据类型按一定规则组成的，因此它们又被称为“导出类型”或“构造类型”。根据数组的维数，可以有一维数组、二维数组或多维数组，如图 6-1 所示。

C 成绩
89
90
59

一维数组

	C	计算机基础	英语
学生 1	90	45	60
学生 2	78	65	78
学生 3	60	76	63

二维数组

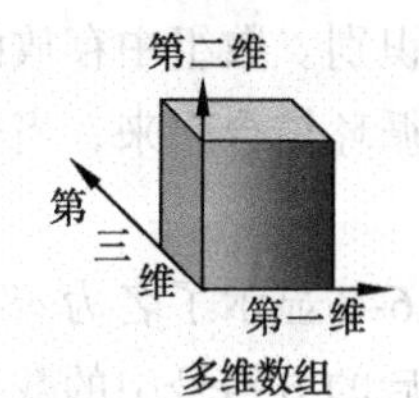

多维数组

图 6-1　一维数组、二维数组和多维数组

6.2 数组及数组元素的概念

用下面的程序处理，输入10位学生的C成绩并将其打印出来：

```
#include <stdio.h>
#define N 10
void main()
{
    float s1,s2,s3,s4,s5;
    float s6,s7,s8,s9,s10;
    printf("请输入10个学生C的成绩:\n");
    scanf("%f",&s1);
    scanf("%f",&s2);
    scanf("%f",&s3);
    scanf("%f",&s4);
    scanf("%f",&s5);
    scanf("%f",&s6);
    scanf("%f",&s7);
    scanf("%f",&s8);
    scanf("%f",&s9);
    scanf("%f",&s10);
    printf("显示10个学生C的成绩:\n");
    printf("%.2f",s1);
    printf("%.2f",s2);
    printf("%.2f",s3);
    printf("%.2f",s4);
    printf("%.2f",s5);
    printf("%.2f",s6);
    printf("%.2f",s7);
    printf("%.2f",s8);
    printf("%.2f",s9);
    printf("%.2f",s10);
    printf("\n");
}
```

会发现这样的程序可读性差。可以用学过的循环控制结构对其改善。改善的思路是：在循环体中只需一条输入语句，一条输出语句就可以实现这10位同学的输入与输出，这样问题就简单了。但是，也会有这样的疑问：把输入的10位学生的C成绩保存在哪个变量中，而且这些变量数据类型是相同的，怎么办？程序中数组就是解决这类问题的。

C语言数组在内存中连续存储多个元素。数组中所有元素必须属于相同的数据类型。不能将数据类型不同的数据存储在同一个数组中。不管此数组中多少个元素，都有同一个名称，由此数组名来识别。数组中存放的多个元素可通过数组名及其在数组中的位置（下标）来确定。通常数组要与循环结合起来，当处理大量的、同类型的数据是，利用数组非常方便，可以大大提高工作效率。

图6-2显示了名为cScore的数组，此数组里面存放了10个元素，每个元素数据类型都是float。数组名后的方括号中的数字是数组可容纳元素的最大数，也称为数组的长度。数组的下标标明了数组中元素的位置。

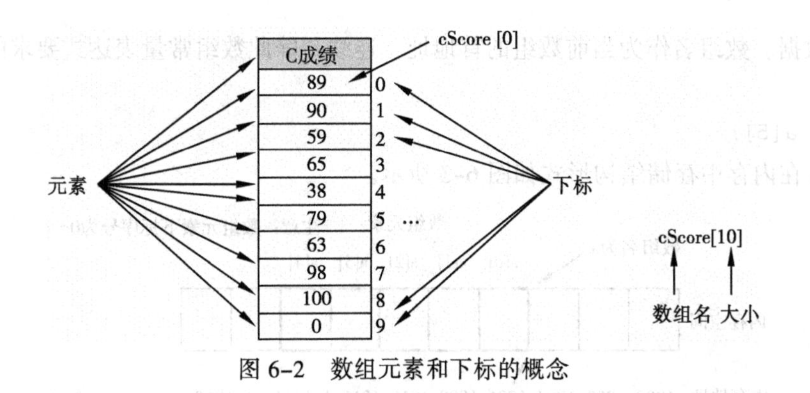

图 6-2　数组元素和下标的概念

6.3　一维数组的定义及引用

6.3.1　一维数组的定义

一维数组是指只需一个下标编号就可以指定，或者说是相同类型变量的一个线性排列。

一维数组定义语法：

```
数据类型说明符 数组名[常量表达式];
```

例如：

```
float cScore[10];      /*说明单精度数组 cScore 中有 10 个元素*/
int a[5];              /*说明整型数组 a 中有 5 个元素*/
int b[2],c[5];         /*同时定义两个整型数组 b 和 c，其中 b 数组中有 2 个元素，
                        c 数组中有 5 个元素*/
double d[3];           /*说明整型数组 d 中有 3 个元素*/
```

说明：

（1）数组名命名规则和变量名相同，遵循标识符的命名规则。

（2）常量表达式必须放在[ ]中，不能用()。

（3）常量表达式确定了数组元素的个数，可以包括常量和符号常量，不能包含变量。

（4）数组下标值从 0 开始，最大下标比数组元素个数少 1。

现场练习 1：

判断以下数组定义是否正确：

（1）`float english[3];`

（2）`double 2test[5];`

（3）`#define N 5;`
　　`double aa[N];`

（4）`char c[5],int t[3];`

（5）`int a_b[ ];`

（6）`int computer[12];`

（7）`float t[8],j;`

6.3.2　一维数组的存储结构

数组定义后，之所以能保存一定数量的变量值，是因为内存会自动为其开辟相应的连续空间

来存放这些数据。数组名作为当前数组的首地址，连续开辟此数组常量表达式要求的空间个数。

例如：

```
int a[5];
```

此数组 a 在内存中存储结构形式如图 6-3 所示。

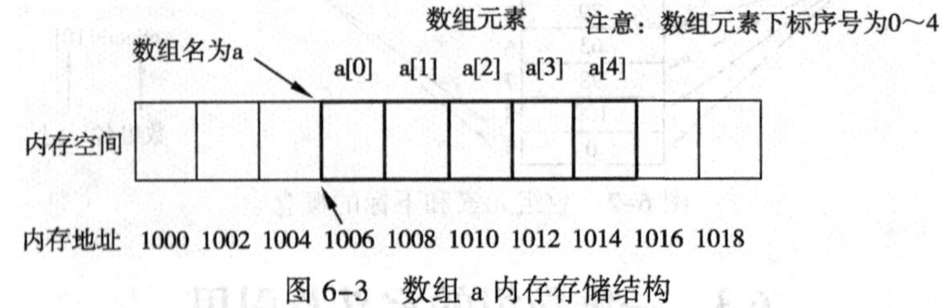

图 6-3 数组 a 内存存储结构

图 6-3 显示数组 a 一经定义后，此数组中有 5 个元素，每个元素的数据类型都是 int，此数组名 a 首地址是 1006，连接开辟了 5 个内存空间，每个内存空间占用了 2 个字节（由数据类型 int 来决定），数组元素的下标序号为 0～4。数组中 a[0]是它的第 0 号（通常叫做数组中第 1 个）元素，a[1]是它的第 1 号（通常叫做数组中第 2 个）元素，……，a[4]是它的第 4 号（通常叫做数组中第 5 个）元素。此时，数组元素都表示结束了，该数组不存在元素 a[5]，此时数组存储元素超出它的最大范围，表示溢出。

6.3.3 一维数组元素的引用

数组同变量一样，必须先定义，然后使用。C 语言规定，只能逐个引用数组元素而不能一次将数组作为整体引用。

一维数组引用语法：

```
数组名[下标]
```

例如：

```
int a[5];                       /*定义数组 a，长度为 5*/
```

以下都是对数组 a 中元素的合法引用。

```
a[2]=5 ;                        /*数组中第 3 个元素赋值为 5 */
a[3]=a[2]+1;                    /*数组第 3 个元素加 1 后，赋值给数组第 4 个元素 */
a[4]=a[3];                      /*数组中第 3 个元素赋值数组中第 4 个元素*/
a[0]=a[4]+a[2*2];               /*数组中第 4 个元素中数据相加赋值给第 1 个元素*/
printf("%d\n",a[2]);            /*输出数组 a 中第 3 个元素中数据*/
printf("%d\n",a[3]);            /*输出数组 a 中第 4 个元素中数据*/
printf("%d\n",a[4]);            /*输出数组 a 中第 5 个元素中数据*/
printf("%d\n",a[0]);            /*输出数组 a 中第 1 个元素中数据*/
```

说明：

（1）引用数组元素时，下标可以是整型常量或整型表达式。

（2）引用数组元素时，下标不要出界。C 语言在编译程序时，对数组下标是否出界不做检查，但它会引起结果的错误。

（3）数组名是地址常量，不能对数组名进行赋值。

【示例 6.1】一维数组的引用。

程序如下：

```
#include <stdio.h>
#define N 10
void main()
{
   int a[5],i;
   for(i=0;i<5;i++)
   {
     a[i] =  i;                          /*输出数组 a 中每个元素进行赋值*/
   }
   for(i=4;i>=0;i--)
   {
     printf("%d",a[i]);
   }
   printf("\n");
}
```

程序运行结果：

```
43210
Press any key to continue_
```

现场练习 2:

读出如下程序运行结果。

```
#include <stdio.h>
#define N 10
void main()
{
   float cScore[N];
   cScore[1]=78.5;
   cScore[2]=78.5+15;
   cScore[6]=18;
   cScore[7]=cScore[2*3]+5 ;
   printf("%5.2f\n",cScore[1]);
   printf("%5.2f\n",cScore[2]);
   printf("%5.2f\n",cScore[6]);
   printf("%5.2f\n",cScore[7]);
   printf("%5.2f\n",cScore[0]);
}
```

6.3.4　一维数组的初始化

C 语言允许在定义变量的同时给变量赋值，同样也允许在定义数组的同时给数组元素赋初值，即数组的初始化。在赋值符号后用一对花括号标识出对数组元素的初始化，数据与数据之间用逗号分隔。对数组的初始化可以用以下方法实现。

（1）在定义数组时，给数组中所有元素都赋初值。

例如：

```
int a[5]={1,2,3,4,5};
```

经过上面的定义和初始化后，a[0] = 1，a[1] = 2，a[2] = 3，a[3] = 4，a[4] = 5。

（2）给数组中所有元素都赋初值时，可以不用指定数组中常量表达式值。

例如：

```
int a[]={1,2,3,4,5};
```

经过上面定义和初始化后，系统就会据此自动计算花括号内数据的个数来确定数组长度。

（3）可以只给数组中一部分元素赋值。

例如：

```
int a[5]={1,2,3};
```

经过上面定义和初始化后，表示数组中有5元素，但是花括号内只提供3个初值，这表示只给前面3个元素赋初值，后2个元素值为0。a[0] = 1，a[1] = 2，a[2] = 3，a[3] = 0，a[4] = 0。

（4）给数组中元素全部赋值为0。可以写成：

```
int a[5]={0,0,0};
```

或

```
int a[5]={0};
```

【示例6.2】一维数组的初始化。

```
#include <stdio.h>
void main()
{
  int i;
  int a[5]={1,2,3,4,5};
  for(i=0;i<5;i++)
  {
     printf("%d",a[i]);
  }
  printf("\n");
}
```

程序运行结果：

```
12345
Press any key to continue_
```

现场练习3：

读出如下程序运行结果。

```
#include <stdio.h>
#define N 5
void main()
{
    int i;
    int a[N]={1,2,3};
    for(i=0;i<5;i++)
    {
       printf("%d",a[i]);
    }
    printf("\n");
}
```

6.3.5 一维数组程序示例

【示例6.3】用数组求Fibonacci（斐波纳契数列）数列的前20项。

```
#include <stdio.h>
#define N 20
void main()
```

```
{
    int i;
    int f[N]={1,1};
    for(i=2;i<N;i++)
    {
        f[i]=f[i-2]+f[i-1];
    }
    for(i=0;i<N;i++)
    {
        if(i%5==0)
            printf("\n");
        printf("%12d",f[i]);
    }
    printf("\n");
}
```

程序运行结果：

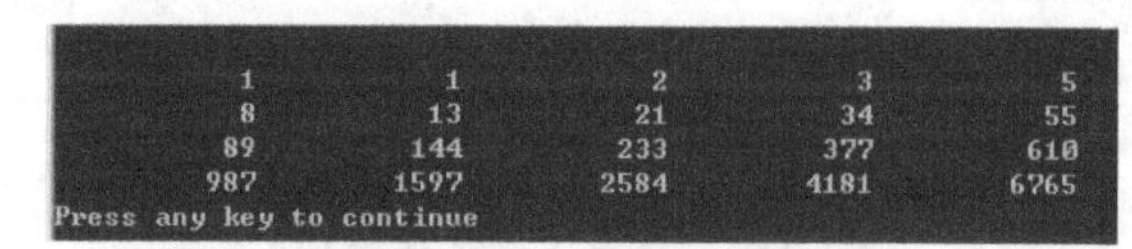

【示例 6.4】用数组来处理从键盘接收 5 个整数，求出其中的最大值和最小值。

```
#include <stdio.h>
void main()
{
    int num[5],max,min,i;
    printf("请输入 5 个整数:\n");
    for(i=0;i<5;i++)
    {
        scanf("%d",&num[i]);
    }
    max=num[0];
    min=num[0];
    for(i=1;i<5;i++)
    {
        if(max<num[i])
            max=num[i];

        if(min>num[i])
            min=num[i];
    }
    printf("\n");
    printf("最大为:%d\n",max);
    printf("最小为:%d\n",min);
}
```

程序运行结果：

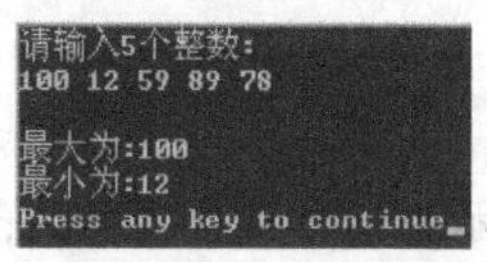

【示例 6.5】用冒泡法（起泡法）对 10 个数排序（从小到大）。

冒泡法（起泡法）的思路：将相邻两个数比较，将小的调到前头。

```
#include <stdio.h>
void main()
{
    int a[10],i,j,t;
    printf("请输入 10 个数: \n");
    for(i=0;i<10;i++)
    {
        scanf("%d",&a[i]);
    }
    printf("\n");
    for(i=0;i<9;i++)
    {
        for(j=0;j<9-i;j++)
        {
            if(a[j]>a[j+1])
            {
                t=a[j];
                a[j]=a[j+1];
                a[j+1]=t;
            }
        }
    }
    printf("排序后结果是: \n");
    for(i=0;i<10;i++)
    {
        printf("%d ",a[i]);
    }
    printf("\n");
}
```

程序运行结果：

```
请输入10个数:
12 45 1 15 46 79 7 100 15 9

排序后结果是:
1 7 9 12 15 15 45 46 79 100
Press any key to continue
```

6.4 二维数组的定义及引用

6.4.1 二维数组的定义

前面介绍的数组只有一个下标，称为一维数组。在实际问题中有些数据信息二维的或多维的。例如，数学上矩阵的存放等。因此，C 语言允许构造多维数组。多维数组元素有多个下标，以标识它在数组中的位置。本小节只介绍二维数组，多维数组可由二维数组类推而得到。

二维数组定义语法：

```
数据类型说明符 数组名[常量表达式1] [常量表达式2];
```

其中，常量表达式 1 表示第一个维下标的长度，也称为行大小，表示数组中包含的行数；常量表达式 2 表示第二维下标的长度，也称为列大小，表示数组中包含的列数。二维数组的下标也是从 0 开始的。因此，在一个二维数组中，可用数组名[0][0]（其中[0]、[0]]是行和列的下标）访问第一个元素，用数组名[0][1]访问第二个元素，依此类推。

下面是一个二维数组的声明示例：

```
int a[3][4];
```

定义了一个 3 行 4 列的数组，数组名为 a，其下标变量的类型为整型。该数组的下标变量共有 3×4=12 个，其元素为：

```
a[0][0] 、a[0][1] 、a[0][2] 、a[0][3]
a[1][0] 、a[1][1] 、a[1][2] 、a[1][3]
a[2][0] 、a[2][1] 、a[2][2] 、a[2][3]
```

在 C 语言中，二维数组是按行排列的。C 语言中的二维数组的两个下标分别写在两个方括号内。可以把二维数组看作一种特殊的一维数组，它的元素又是一个维数组。例如：

```
int a[3][4];
```

可以把 a 看作一个一维数组，它有 3 个元素 a[0]、a[1]、a[2]，每个元素又是一个包含 4 个元素的一维数组。如图 6-4 所示。

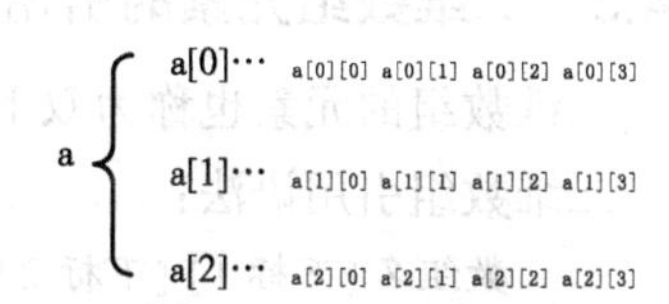

图 6-4　二维数组可理解为由多个一维数组组成

a[0]、a[1]、a[2]不能当做元素使用，它们是数组名，不是一个单纯的元素。

例如：

```
float cScore[10][2];     /*说明单精度二维数组 cScore 中有 10*2=20 个元素*/
int a[5][3];             /*说明整型二维数组 a 中有 5*3=15 个元素*/
int b[2][3],c[5][6];     /*同时定义两个整型二维数组 b 和 c，其中 b 数组中有 2*3 = 6
                         个元素，c 数组中有 5*6=30 个元素*/
double d[3][6];          /*说明整型二维数组 d 中有 3*6=18 个元素*/
```

说明：

（1）二维数组名命名规则和变量名相同，遵循标识符的命名规则。

（2）数组下标值从 0 开始，最大下标比数组元素个数少 1。

现场练习 4：

判断如下二维数组定义是否正确：

（1）`float english[3][];`

（2）`double [5][2];`

（3）`#define N 5;`
　　`double test[N][3];`

（4）`int a_b[ ][6];`

6.4.2　二维数组的存储结构

C 语言中，二维数组中元素排列的顺序是按行存放的，即在内存中先顺序存放第一行的元素，再存放第二行的元素。

例如：

```
int a[2][3];
```

数组 a 在内存中存储形式如图 6-5 所示。数组中每个元素的数据类型为 int。

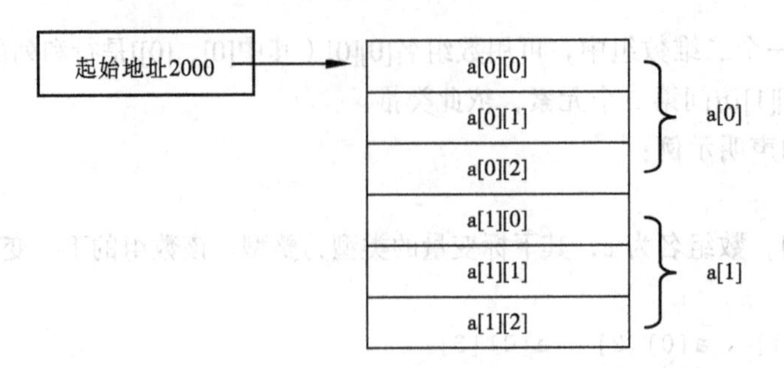

图 6-5　二维数组 a 在内存中存储形式

6.4.3　二维数组元素的引用

二维数组的元素也称为双下标变量。

二维数组引用语法：

```
数组名[下标1][下标2]
```

其中，下标应为整型常量或整型表达式。

例如：

```
int a[3][4]
```

表示整型二维数组 a 有三行四列的元素。此数组 a 中共有 12 个元素，且每个元素都是整型数据。数组 a 在内存中 12 个元素*2 个字节 = 24 字节。

在使用数组元素时应该注意，下标值应在已定义的数组大小的范围内。常出现的错误如：

```
int a[3][4];                    /*定义 a 为 3*4 的数组/
…
a[3][4]=5;
```

按照以上定义，数组 a 可用的行下标的范围为 0~2，列下标的范围为 0~3。用 a[3][4]超过了数组的范围。

下标变量和数组说明在形式中有些相似，但这两者具有完全不同的含义。数组声明的方括号中给出的是某一维的长度，即可取下标的最大值；而数组元素中的下标是该元素在数组中的位置标识。前者只能是常量，后者可以是常量、变量或表达式。

6.4.4　二维数组的初始化

二维数组初始化也是在类型说明时给各下标变量赋以初值。与一维数组一样，如果事先已知数组的值，则可以在开始声明时直接初始化该数组，而不需要使用任何循环。用花括号将每行括起来，并由逗号将每列分开。二维数组可按行分段赋值，也可按行连续赋值。

例如：对数组 a[5][3]进行初始化。

（1）按行分段赋值：

```
int a[5][3]={ {80,75,92},{61,65,71},{59,63,70},{85,87,90},{76,77,85} };
```

这种赋初值方法比较直观，把第一个花括号内的数据给第一行的元素，第二个花括号内的数据赋给第二行的元素……。

（2）按行连续赋值：

```
int a[5][3]={80,75,92,61,65,71,59,63,70,85,87,90,76,77,85};
```

这种赋初值的方法按数组排列的顺序对各元素赋初值。这两种赋初值的结果是完全相同的。但以第 1 种方法比较好，行行相对，界限清楚。用第（2）种方法如果数据多，会比较乱，容易遗漏，也不容易检查。

（3）可以对部分元素赋初值：

```
int a[5][3]= { {80},{61,65},{59},{85},{76,77,85} };
```

等价于：

```
int a[5][3]= { {80,0,0},{61,65,0},{59,0,0},{85,0,0},{76,77,85} };
```

它的作用只对每行部分元素进行赋值，其余元素值自动为 0。对于此种方式为二维数组赋值时，第二维的大小即列大小不能省略，否则会导致编译器出错。

（4）用嵌套循环为二维数组的元素赋值。因为二维数组是由行列组成的，所以在给数组中每个元素赋值时，用嵌套循环来完成。

例如，嵌套循环为二维数组的元素赋值代码段：

```
int i,j,num[3][2];
for(i=0;i<=2;i++ )
{
    for(j=0;j<=1;j++)
    {
        printf("为数组元素赋值[%d][%d]",i,j);
        scanf("%d",&num[i][j]);
    }
}
```

以上代码段用了两个 for 循环：一个用于控制行，一个用于控制列。假设按表 6-1 为二维数组 num[3][2]赋值，那么二维数组 num[3][2]中的值如图 6-6 所示。

表 6-1 为数组 num[3][2]循环赋值

变量 i	变量 j	num[i][j]	变量 i	变量 j	num[i][j]
0	0	12	1	1	2
0	1	15	2	0	6
1	0	1	2	1	13

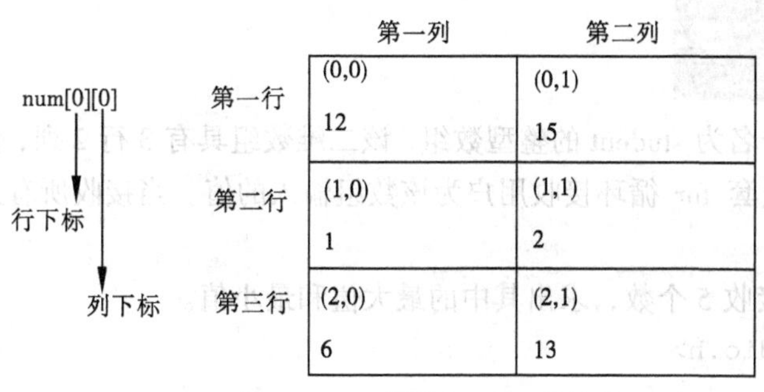

图 6-6 二维数组 num 中的值

现场练习 5：

判断以下二维数组的初始化是否正确：

（1）`float f1[2][3]={1.2,2.5,1,5,8,9.5};`

（2）`char ch[3][5]={'a','b',"c"};`

（3）`int test1[3][]={12,4,5};`

（4）`int test2[][3]={12,4,5};`

（5）`int test3[2][3]={12,4,5, 1,5,8};`

6.4.5 二维数组程序示例

【示例 6.6】二维数组的创建和使用。

```
#include <stdio.h>
void main()
{
    int i,j,student[3][2];
    for(i=0;i<3;i++)
    {
       printf("输入学号 %d 两个学期的成绩: ",i+1);
       for(j=0;j<2;j++)
          scanf("%d",&student[i][j]);
    }
    printf("\n 学员的学号及其两个学期的成绩为: \n ");
    printf("\n \t 学号\t 第一学期\t 第二学期");
    for(i = 0;i < 3;i++)
    {
       printf("\n\t");
       printf("%d\t",i+1);
       for(j=0;j<2;j++)
          printf("%d\t\t",student[i][j]);
       printf("\n ");
    }
}
```

程序运行结果：

```
输入学号 1 两个学期的成绩: 56 89
输入学号 2 两个学期的成绩: 87 95
输入学号 3 两个学期的成绩: 100 23

学员的学号及其两个学期的成绩为:

        学号    第一学期        第二学期
        1       56              89

        2       87              95

        3       100             23
Press any key to continue
```

此示例中声明了一个名为 student 的整型数组，该二维数组具有 3 行 2 列，保存 3 个学员两门课的成绩。程序中使用嵌套 for 循环接收用户为该数组输入的值。当接收所有元素后，使用嵌套循环将数组的内容输出。

【示例 6.7】从键盘接收 5 个数，求出其中的最大值和最小值。

```
#include <stdio.h>
void main()
{
    int num[5],max,min,i;
    printf("请输入 5 个数:\n");
    for(i=0;i<5;i++)
```

```
    {
        scanf("%d",&num[i]);
    }
    max=num[0];
    min=num[0];
    for(i=1;i<5;i++)
    {
        if(max<num[i])
            max=num[i];     //max 中总是存有较大的数
        if(min>num[i])
            min=num[i];     //min 中总是存有较小的数
    }
    printf("\n 最大值为: %d",max);
    printf("\n 最小值为: %d\n",min);
}
```

程序运行结果：

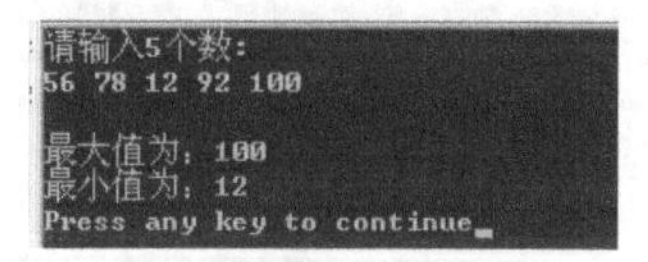

6.4.6　二维数组常用算法

【示例 6.8】用二维数组实现数据的查找。

输入 10 个数，保存在一个数组中，在数组中查找某个数，给出是否找到的信息。如果找到了要求输入该数在数组中所处的位置；如果找不对输出“没有找到!”。

```
#include <stdio.h>
#define N 10
void main()
{
    int i;
    int num[N],search;

    printf("请输入 %d 个数组元素: \n",N);
    for(i=0;i<N;i++)
        scanf("%d",&num[i]);
    printf("\n 请输入要查找的数: ");
    scanf("%d",&search);
    for(i=0;i<N;i++)
    {
        if(num[i]==search)
        {
            break;
        }
    }
    if(i<N)
        printf("\n 在数组的第 %d 个位置找到了数字 %d !\n",i+1,search);
    else
        printf("\n 没有找到!\n");
}
```

程序运行结果：

```
请输入 10 个数组元素：
1 2 3 4 5 6 7 8 9 10

请输入要查找的数：5

在数组的第 5 个位置找到了数字 5 !
Press any key to continue
```

【示例 6.9】用二维数组实现数据的排序——冒泡法。

输入 5 个整型数据，按降序排列这 5 个数。

```
#include <stdio.h>
void main()
{
    int  i,j;
    int grade[5],temp;

    printf("输入 5 个数:\n");
    for(i=0;i<5;i++)
    {
        scanf("%d",&grade[i]);
    }

    for(i=0;i<5;i++)
    {
        for(j=0;j<4-i;j++)
        {
            if(grade[j] > grade[j+1])
            {
                /*交换元素*/
                temp=grade[j+1];
                grade[j+1]=grade[j];
                grade[j]=temp;
            }
        }
    }
    printf("\n 排序的数列为: \n");
    for(i=0;i<5;i++)
    {
        printf("%d ",grade[i]);
    }
    printf("\n");
}
```

程序运行结果：

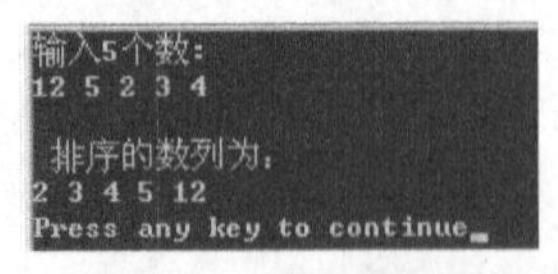

【示例 6.10】用二维数组实现数据的插入。

已有一个数组中保存的元素是有序的（由小到大），向这个数组中插入一个数，使得插入后的数组元素依然保持有序。这种插入方法很简单：首先在数组中找到合适的插入位置，然后将该位置后面的所有元素依次向后移动一个位置，这样就将为这个要插入的数留出位置，将要插入的数保存到该位置即可。

```
#include <stdio.h>
#define N 5
void main()
{
    int i,j;
    int num[N+1]={12,50,67,79,100},in;

    printf("插入前的数组元素: \n");
    for(i=0;i<N;i++)
    {
        printf("%d",num[i]);
    }
    printf("请输入一个要插入的数: ");
    scanf("%d",&in);
    for(i=0;i<N;i++)                //查找第一个大于要插入数的位置
    {
        if(num[i]>in)
            break;
    }
    for(j=N;j>i;j--)                //为要插入的数留出位置
    {
        num[j]=num[j-1];
    }
    num[i]=in;                      //将要插入的数保存到该位置
    printf("插入后的数组元素: \n");
    for(i=0;i<N+1;i++)
    {
        printf("%d ",num[i]);
    }
    printf("\n");
}
```

程序运行结果：

```
插入前的数组元素:
12 50 67 79 100
请输入一个要插入的数: 13
插入后的数组元素:
12 13 50 67 79 100
Press any key to continue
```

6.5 多维数组的定义及引用

和前面介绍的二维数组类似，我们将含有三个及三个以上下标的数组称为多维数组。

多维数组定义语法：

数据类型说明符 数组名[常量表达式1] [常量表达式2]…;

例如，以下为合法定义的多维数组：

```
int a[2][2][3];
double b[3][3][3];
```

对于多维数组，同样要注意下标越界的问题。如定义了一个三维数组 int a[2][2][3];，若引用元素[2][2][3]，则会出现数组越界，对于这个数组，元素的最大下标为 a[1][1][2]。

多维数组的存储结构与二维数组类似，多维数组每一维元素的下标也都是从 0 开始的。多维数组同二维数组一样都是按行存放的，即在内存中先顺序存放第一行的元素，再存放第二行的元素，依此类推。

三维以上的数组很少使用，因为这些数组占用大量的存储空间，程序一开始运行，就要给所定义的数组分配固定的存储空间。

多维数组引用方式及初始化与二维数组类似。在此不再重复说明。

【示例 6.11】向一个三维数组中输入值并输出全部元素。

分析：通过三重 for 循环从键盘上为三维数组的 12 个元素输入数据，再通过三重 for 循环输出 12 个元素的值。

```
#include <stdio.h>
void main()
{
    int i,j,k,a[2][3][2];
    printf("给数组内元素赋值:");
    for(i=0;i<2;i++)
        for(j=0;j<3;j++)
            for(k=0;k<2;k++)
                scanf("%d",&a[i][j][k]);
    printf("\n输出数组内元素值:\n");
    for(i=0 ;i<2;i++)
    {   for(j=0;j<3;j++)
        {
            for(k=0;k<2;k++)
                printf("%d ",a[i][j][k]);
            printf("\n");
        }
    }
}
```

程序运行结果：

```
给数组内元素赋值:1 2 3 4 5 6 7 8 9 10 11 12

输出数组内元素值:
1 2
3 4
5 6
7 8
9 10
11 12
Press any key to continue
```

6.6 字 符 数 组

前面的数组示例大部分都是数值型数组。用来存放字符的数组称为字符数组。字符数组可用于保存字符序列或文本等。由于人们常用 C 语言编写处理字符序列或文本程序，因此 C 语言为处理字符数组提供了特别支持。本节用字符类型的数组来代替字符串类型。

6.6.1 字符数组的定义

字符数组也是数组，其定义方式与数值型数组相同。

一维字符数组定义语法：

```
char 数组名[常量表达式];
```

二维字符数组定义语法：

```
char 数组名[常量表达式1] [常量表达式2];
```

例如：

```
char c[10];
```

表示定义了一个一维字符型数组，此数组里面可以存放10个字符型元素。字符型数组不仅可以是一维的，也可以是二维或多维的。

例如：

```
char c[5][10];
```

即为二维字符型数组。此数组为5行10列，共可以存放50个元素，每个元素可以存储一个字符。

6.6.2　字符数组的引用

一维字符数组引用语法：

```
数组名[常量表达式];
```

二维字符数组引用语法：

```
数组名[常量表达式1] [常量表达式2];
```

可以引用字符型数组中的一个元素，得到一个字符或给一个元素赋值。

例如：

```
char a[10];
a[3] = 'w';
```

表示定义了一个字符数组，此数组中第4个元素的值为“w”。

scanf(“%c” ,&a[4]); 为当前字符数组a中第5个元素接收一个输入值。

printf(“%c”,a[4]);　　把字符数组a中第5个元素的值输出。

6.6.3　字符数组的初始化

像一维数组或二维数组元素的初始化一样，字符数组也能在被定义时初始化或在程序中的开始位置为数组元素赋初值。可以用下列方法对字符数组进行初始化：

（1）逐个为数组中的元素赋初值。

例如：

```
char c[10]={'c', '  ', 'p', 'r', 'o', 'g', 'r', 'a','m',' d'};
```

赋值后各元素的值为：

```
c[0]的值为'c'
c[1]的值为'  '
c[2]的值为'p'
c[3]的值为'r'
c[4]的值为'o'
c[5]的值为'g'
c[6]的值为'r'
c[7]的值为'a'
c[8]的值为'm'
c[9]的值为'd'
```

当对全体元素赋初值时也可以省去长度说明。

（2）如果花括号内的字符个数大于数组的长度，则按语法错误处理。如果字符的个数小于数组的长度，则只将这些字符赋值给前面的元素，其余的元素自动赋值为空字符（即'\0'）。

```
char c[10]={ 'p','r','o','g','r','a','m'};
```

字符数组 c[10]的存储状态如图 6-7 所示。

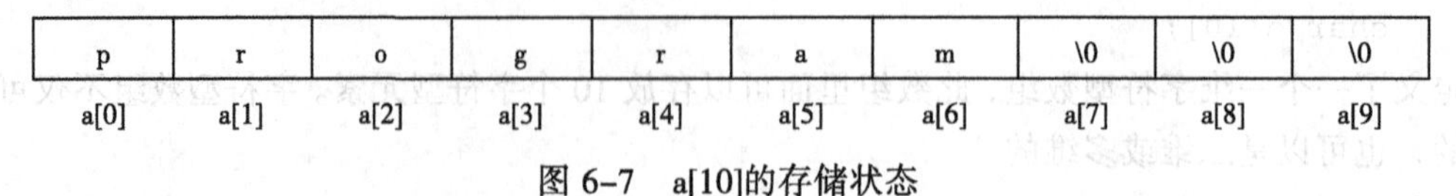

图 6-7　a[10]的存储状态

（3）如果提供的初值个数与数组的长度相同，则在定义数组时可以省略数组的长度，系统根据初值的个数自动确定数组的长度。

例如：

```
char t1[]={'t','e','s','t'};
```

字符数组 t1 的长度系统自动确定为 4。这种方法可以不必写常量表达式的值，尤其是在初值字符数比较多时，比较方便。

（4）将一个字符串整体赋值给一个字符数组。

例如：

```
char a[]={"C program"};
```

也可以去掉花括号，写成：

```
char a[]="C program";
```

（5）用循环为字符数组的元素赋值。

例如：

```
int  i;
char str[50];
for(i=0;i<50;i++)
    str[i]=getchar();
```

表示定义了一个字符数组 str，可以存储 50 个字符。通过接收输入的字符来给字符数组 str 中的各个元素赋值。

（6）也可以定义和初始化一个二维字符数组。

例如：

```
char s[4][8]={ "C","TEST","pascal","for"};
```

等价于：

```
char s[][8]={ "C","TEST","pascal","for"};
```

可以省略 1 维，但不能省略 2 维。系统会自动把 s 数组作 4 行 8 列的二维字符数组。

【示例 6.12】字符数组引用及初始化应用 1。

```
#include <stdio.h>
void main()
{
  int j;
  char a[11]={'t','e','s','T','\0','d','B','A','S','E'};
  for(j=0;j<11;j++)
```

```
        printf("%c",a[j]);
      printf("\n");

    }
```

程序运行结果：

```
tesT dBASE
Press any key to continue
```

【示例 6.13】字符数组引用及初始化应用 2。

```
#include <stdio.h>
void main()
{
  int i,j;
  char a[][5]={{'B','A','S','I','C',},{'d','B','A','S','E'}};
  for(i=0;i<=1;i++)
    {
      for(j=0;j<=4;j++)
          printf("%c",a[i][j]);
      printf("\n");
    }
}
```

程序运行结果：

```
BASIC
dBASE
Press any key to continue
```

6.6.4　字符串及字符串结束标记

1. 字符串常量

在本书的第一个简单的 Hello World 程序中其实已经用到了字符串常量。字符串常量是双引号括起的任意字符序列。

例如：

```
"Hello World"
"C program"
```

以上表示两个字符串常量。

在字符串常量中，显然不能直接写双引号，因为这将被认为是字符串的结束。回忆之前讲过的转义序列，在字符串常量中要包含双引号，需要用“\"”表示。例如："Hello \"World""。

字符串常量在所有字符之后，还要另存一个空字符'\0'作为字符串的结束标记。空字符是 ASCII 码值为 0 的字符，C 语言中用'\0'标识字符串的结束，所以也称为结束标记或结束符。例如，如果在程序中写了字符串："HelloWorld" 虽然它只有 10 个字符，在内存中却需要占用 11 个字节存储，存储情况如图 6-8 所示。其中的'\0'表示空字符（结束标记）。

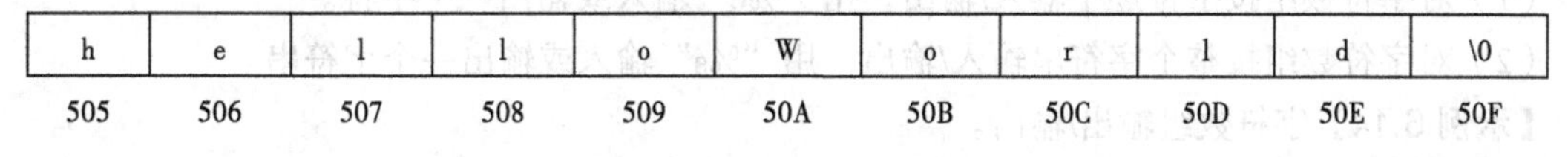

图 6-8　内存中"HelloWorld"字符串的存储状态

用这种方式表示字符串是为了处理方便。与基本数据的数据不同，不同的字符串可能有不同长度。

在这种情况下，有了字符串末尾的空字符，处理字符串的程序就可以顺序检查，遇到空字符就知道字符串结束了。虽然空字符不是字符串内容的一部分，但却是字符串表示中不可缺少的部分。

2. 字符串变量

在C语言中没有专门的字符串变量，通常用一个字符数组来存放一个字符串。字符数组与字符串非常密切的概念，它们之间的区别是：字符串的末尾有一个空字符'\0'。

根据字符串存储形式的规定，只要在数组里顺序存入所需字符，随后存一个空字符，这个字符数组里的数据就有了字符串的表现形式，这个数组也不可以当作字符串使用了。在这种情况下，也可以说这个数组里面存了一个字符串。

例如：

```
char na[15]={'C','p','r','o','g','r','a','m','\0'};
```

可写为：

```
char na[5]={"Cprogram"};
```

或去掉{}写为：

```
char na[15]="Cprogram";
```

对于字符数组na 的定义和初始化，现在在初始化的过程中手动加了一个空字符'\0'，所以说现在na中存储的是字符串"Cprogram"。为了方便使用，C语言为字符数组提供了特殊的初始化形式：允许以字符串形式为字符数组的一系列元素指定初值。对于na字符数组，前9个字符指定了值，不但有明确写出的8个字符，还有一个作为字符串结束的空字符。随后的字符数组中其他元素系统会自动用空字符来填充，如图6-9所示。

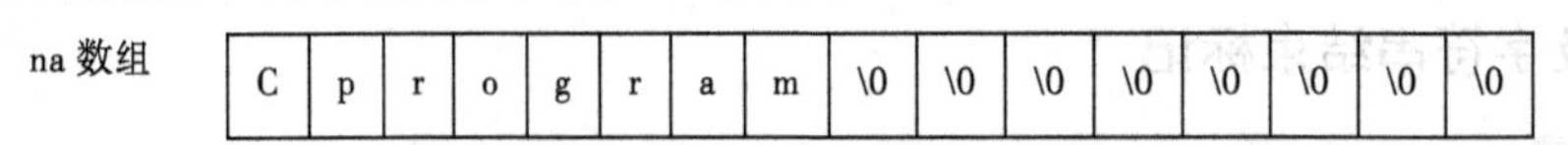

图6-9 字符串"Cprogram"在内存中的存储状态

用字符串为字符数组初始化时也允许不给出数组元素个数。这时的数组大小规定为初始化字符串的字符数加1，因为需要在数组的最后存入一个空字符'\0'。

```
char pass[ ]="123456";
```

表示定义了7个元素的数组，其中前面依次存放各字符，最后一个元素存入一个空字符。可见，如果用字符串初始化字符数组时，编译器会自动添加'\0'标识符来结束字符串。所以，在用字符赋初值时一般无须指定数组的大小，而由系统自行处理。

6.6.5 字符数组的输入与输出

在采用字符串方式后，字符数组的输入/输出将变得更加简单方便。除了上述用字符串赋初值的办法外，还可以scanf()函数和printf()函数一次性输入/输出一个字符数组中的字符串，而不必使用循环语句逐个地输入/输出每个字符。

（1）对字符数组按字符逐个输入/输出，用“%c”输入或输出一个字符。

（2）对字符数组按整个字符串输入/输出，用“%s”输入或输出一个字符串。

【示例6.14】字符数组输出/输出。

```
#include <stdio.h>
void main()
{
```

```
    char str[20];
    printf("请输入字符串: ");
    scanf("%s",str);
    printf("%s\n",str);
}
```

程序运行结果：

```
请输入字符串: test
test
Press any key to continue
```

使用字符数组的输入/输出时应注意以下几点：

（1）用“%s”格式输入/输出时，输入/输出的对象是数组名，而不是数组元素。并且输入时数组名前面不加取地址运算符“&”。

（2）用“%c”格式输入/输出时，输入/输出的对象是数组元素，通常与循环语句搭配起来应用。并且输入时数据名前面必须加取地址运算符“&”。

（3）输出时不输出字符串结束标记'\0'。

（4）如果字符串包含一个以上的'\0'，则遇到第一个'\0'时，输出结束。例如：

```
char  a[10]="hello";
printf("%s",a);
```

输出结果仍为 hello。字符串在内存中的存储状态如图 6-10 所示。

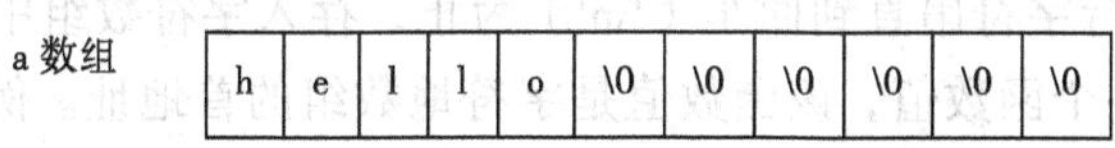

图 6-10　字符串"hello"在内存中的存储状态

（5）当 scanf()函数用格式符“%s”输入整个字符串时，终止输入用空格或回车。

6.6.6　常用字符串处理函数

字符串是 C 程序中非常重要的，标准库中提供了许多与字符串有关的库函数。这些函数在头文件 string.h 中定义。要使用标准库字符串处理函数，程序前应该包含#include <string.h>。下面只介绍常用的 8 个字符串处理的库函数。

1. 字符串输出函数 puts()

调用函数格式：

```
puts(字符数组)
```

功能：将一个以'\0'结束的字符数组中的字符串输出到显示器，即在屏幕上显示该字符串，输出字符串后自动换行。在调用此函数输出字符串时，需要使用#include <string.h>将其包含到源文件中。

【示例 6.15】 puts() 函数的调用 1。

```
#include <stdio.h>
#include <string.h>
void main()
{
    char c[]="Stuendt Test";
    puts(c);
}
```

程序运行结果：

```
Stuendt Test
Press any key to continue
```

【示例 6.16】puts()函数的调用 2。

```
#include <stdio.h>
#include <string.h>
void main()
{
    char c[]="Stuendt\nTest";
    puts(c);
}
```

程序运行结果：

```
Stuendt
Test
Press any key to continue
```

从程序中可以看出 puts()函数中可以使用转义字符，因此输出结果成为两行。puts()函数完全可以由 printf()函数取代。当需要按一定格式输出时，通常使用 printf()函数。

2. 字符串输入函数 gets()

调用函数格式：

```
gets(字符数组)
```

功能：从键盘上输入一行字符串直到回车（'\n'）为止，存入字符数组中，存放时系统自动将'\n'置换成'\0'，并且得到一个函数值，该函数值是字符地数组的首地址。例如，标准输入设备键盘上输入一个字符串。在调用此函数输入字符串时，需要使用#include <string.h>将其包含到源文件中。

【示例 6.17】gets()函数的调用。

```
#include <stdio.h>
#include <string.h>
main()
{
    char st[15];
    printf("input string:\n");
    gets(st);
    puts(st);
}
```

程序运行结果：

```
input string:
test gets
test gets
Press any key to continue
```

将字符串"test gets"存到数组 st 中（注意，最后加上'\0'共 10 个字符）。可以看出当输入的字符串中含有空格时，输出仍为全部字符串。说明 gets()函数并不以空格作为字符串输入结束的标志，而只以回车（'\n'）作为输入结束。这是与 scanf()函数不同的。

注意：用 gets()和 puts()函数只出输入/输出一个字符串。不能写成：gets(s1,s2);puts(s1,s2);

3. 字符串长度函数 strlen()

调用函数格式：

```
strlen(字符数组或字符串常量)
```

功能：用于计算字符串长度（即字符串中实际的字符数，不包含字符串结束标记'\0'）。在调用此函数计算字符串长度时，需要使用#include <string.h>将其包含到源文件中。

【示例 6.18】strlen()函数的调用。

```
#include <stdio.h>
#include <string.h>
void main()
{
  char str[]="Bei Jing";
  int len1,len2;
  len1=strlen(str);
  len2=strlen("ShangHai");
  printf("计算字符数组 str 的实际长度是:%d\n",len1);
  printf("计算字符串常量 ShangHai 的实际长度是:%d\n",len2);
}
```

程序运行结果：

```
计算字符数组str的实际长度是:8
计算字符串常量ShangHai的实际长度是:8
Press any key to continue
```

注意：用 strlen()函数计算字符串长度时，只需要计算字符串结束标记之前的字符数据。

4．字符串连接函数 strcat()

调用函数格式：

```
strcat(字符数组 1,字符数组 2 或字符串常量)
```

功能：把字符数组 2 中的字符串连接到字符数组 1 中字符串的后面，并删去字符串 1 后的字符串结束标记'\0'。函数调用后得到一个函数值，该函数值字符数组 1 的首地址。

说明：

（1）该函数的第一个参数必须是字符数组名，第二个参数可以是字符数组名也可以是字符串常量。

（2）连接后的结果存放在字符数组 1 中，因此字符数组 1 的长度必须足够大。

（3）连接后原第一个字符串后的字符串结束标记'\0'取消，在连接后新的字符串最后保留一个'\0'。

【示例 6.19】strcat()函数的调用。

```
#include <stdio.h>
#include <string.h>
void main()
{
  char str_source[]="So Easy!";
  char str_target[]="C is ";
  strcat(str_target,str_source);
  printf("源字符串= %s\n",str_source);
  printf("目标字符串 = %s\n",str_target);
}
```

程序运行结果：

```
源字符串= Easy!
目标字符串 = C is So Easy!
Press any key to continue
```

在此程序中输入函数用的是 printf()，因为在输入时用到了格式控制符“%s”。

也可以 puts()函数输出。程序修改如下：

```
#include <stdio.h>
#include <string.h>
void main()
{
  char str_source[]="So Easy!";
  char str_target[]="C is ";
  strcat(str_target,str_source);
  puts(str_source);
  puts(str_target);
}
```

程序运行结果：

```
Easy!
C is So Easy!
Press any key to continue
```

5．字符串复制函数 strcpy()

调用函数格式：

    strcpy(字符数组 1,字符数组 2 或字符串常量)

功能：把字符数组 2 中的字符串复制到字符数组 1 中。串结束标志'\0'也一同复制。字符数组 2 也可以是一个字符串常量，这时相当于把一个字符串赋予一个字符数组。

说明：

（1）该函数的第一个参数必须是字符数组，第二个参数可以是字符数组也可以是字符串常量。

（2）复制后的结果存放在字符数组 1 中，因此字符数组 1 的长度必须足够大。

（3）复制时连同字符串后面字符串结束标记'\0'一起复制到字符数组中。

（4）不能用赋值语句给字符数组赋值，要将一个字符串赋值到一个字符数组中，必须使用字符串复制函数 strcpy()。

【示例 6.20】 strcpy ()函数的调用。

```
#include <stdio.h>
#include <string.h>
void main()
{
  char st1[15],st2[]="C Language";
  strcpy(st1,st2);
  puts(st1);
}
```

程序运行结果：

```
C Language
Press any key to continue
```

6．字符串比较的函数 strcmp()

函数调用格式：

    strcmp(字符数组 1 或字符串常量，字符数组 2 或字符串常量)

功能：按照 ASCII 码顺序比较两个字符数组中字符串的大小，函数调用后得到一个函数返回值，该函数返回值是一个数值，由这个数值来区分两个字符串比较结果。

字符串 1=字符串 2，返回值=0
字符串 1>字符串 2，返回值>0
字符串 1<字符串 2，返回值<0

字符串比较的规则是对两个字符串中的字符自左向右按照各字符的 ASCII 码值逐个进行比较，直到出现第一个不同的字符或遇到'\0'为止。

字符串比较按 ASCII 码值比大小，出现第一个不相同的字符时，第一个字符 ASCII 码值大的字符串大。如两个字符串所有字符对应相等、长度也相等，则两个字符串相等。

【示例 6.21】 strcmp()函数的调用 1。

```
#include <stdio.h>
#include <string.h>
void main()
{
    int k;
    char str1[15],str2[]="C Language";
    printf("请输入一个要比较的字符串:");
    gets(str1);
    k = strcmp(str1,str2);
    printf("源字符串是: %s\n",str2);
    printf("比较结果是: ",str2);
    if(k == 0) printf("str1 = str2\n");
    if(k > 0) printf("str1 > str2\n");
    if(k < 0) printf("str1 < str2\n");
}
```

程序运行结果：

```
请输入一个要比较的字符串:test
源字符串是: C Language
比较结果是: str1 > str2
Press any key to continue
```

【示例 6.22】 strcmp()函数的调用 2。

模拟某系统用户登录功能，接收用户输入的用户名和密码，如果用户名是 test 和密码 123456，提示用户登录成功，否则登录失败。

```
#include <stdio.h>
#include <string.h>
void main()
{
    char userName[15] ,password[15];
    printf("请输入用户名:");
    gets(userName);
    printf("请输入用户名:");
    gets(password);
    if((strcmp(userName,"test") == 0) && (strcmp(password,"123456") == 0) )
        puts("登录成功!");
    else
        puts("登录失败,用户名或密码输入不对!");
}
```

程序运行结果：

用户名和密码输入正确时，输出“登录成功!”。

```
请输入用户名:test
请输入用户名:123456
登录成功!
Press any key to continue
```

用户名和密码输入错误时，输出“登录失败,用户名或密码输入不对!”。

```
请输入用户名:test
请输入用户名:12
登录失败,用户名或密码输入不对!
Press any key to continue
```

7．大写字母转为小写字母函数 strlwr()

函数调用格式：

strlwr(字符数组或字符串常量)

功能：将字符串中的大写字母转换成小写字母。

【示例 6.23】strlwr()函数调用。

```
#include <stdio.h>
#include <string.h>
void main()
{
    char s[] = "HEllo";
    strlwr(s);
    puts(s);
}
```

程序运行结果：

```
hello
Press any key to continue
```

8．小写字母转为大写字母函数 strupr()

函数调用格式：

strupr(字符数组或字符串常量)

功能：将字符串中的小写字母转换成大写字母。

【示例 6.24】strupc()函数调用。

```
#include <stdio.h>
#include <string.h>
void main()
{
    char s[] = "program";
    strupr(s);
    puts(s);
}
```

程序运行结果：

```
PROGRAM
Press any key to continue
```

6.6.7　字符数组程序示例

【示例 6.25】任意输出三个字符串，并找出其中最大的一个。

```
#include <stdio.h>
#include <string.h>
void main()
{
```

```
    char s1[15],s2[15],s3[15];
    char str[15];
    puts("请输入三个字符串: ");
    gets(s1);
    gets(s2);
    gets(s3);
    if(strcmp(s1,s2) >0)
       strcpy(str,s1);
    else
       strcpy(str,s2);
    if(strcmp(s3,str) >0)
       strcpy(str,s3);
    printf("The largest string is :%s\n",str);
}
```

程序运行结果：

```
请输入三个字符串:
First program
Test source!
abc
The largest string is :abc
Press any key to continue
```

【示例 6.26】程序实现接收用户输入的居住城市，并在城市的值为“BeiJing”时，显示消息“您来自北京，我也是”，否则显示“我们居住在不同的城市”。

```
#include <stdio.h>
#include <string.h>
void main()
{
   char city[20];
   printf("请输入您所居住的城市:  ");
   gets(city);
   fflush(stdin);
   if(strcmp(city,"BeiJing")==0)
   {
     printf("\n您来自北京，我也是\n");
   }
   else
   {
     printf("\n我们居住在不同的城市\n");
   }
}
```

程序运行结果：

```
请输入您所居住的城市:  test

我们居住在不同的城市
Press any key to continue
```

【示例 6.27】统计输入字符串中字符“T”出现的次数。例如：“Thank you!This is very good !”，计算结果是 2。

```
#include <stdio.h>
#include <string.h>
void main()
{
   char line[50];
   int i,count=0;
```

```
        printf("请输入一个句子: ");
        gets(line);
        i=0;
        while (line[i]!='\0')
        {
           if(line[i]=='T')
           {
              count++;
           }
           i++;
        }
         printf("\n此句子中 T 的个数是 %d\n",count);
    }
```

程序运行结果:

```
请输入一个句子: Thank you!This is very good!

此句子中 T 的个数是 2
Press any key to continue
```

小　　结

（1）数组是可以在连续存储多个元素的结构。数组中的所有元素必须属于相同的数据类型。

（2）数组必须先声明，然后才能使用。声明一个数组只是为该数组留出内在空间，并不会为其赋任何值。

（3）数组名的命名规则与变量名的命名规则是相同的。同一个源程序中数组名不能与其他变量名相同。

（4）数组大小必须为正整数值或值为正整数的常量。

（5）数组的元素通过数组下标访问，并与循环控制结构配合使用。

（6）一维数组可用一个循环动态初始化，二维数组可用嵌套循环动态初始化。

（7）二维数组可以看作由一维数组的嵌套而构成。

（8）字符数组与字符串区别：字符串的末尾有一个空字符'\0'。

（9）会使用常用的字符串处理的库函数。

作　　业

1. 用冒泡法（起泡法）对 10 个数排序（从大到小）。

2. 某汽车销售 4S 店，一月进汽车为 10 辆，从 2 月开始每个月进的汽车是前一个月数量加 2。求每个月的进车数量及全年进车总量。

3. 有一个已经排好序列的数组。要求输入一个数，在数组中查找是否有这个数，如果有，将该数从数组中删除，要求删除后的数组仍然保持有序；如果没有，则输出“数组中没有这个数！”。

4. 编写程序统计大写字母的个数。

第7章　函　数

学习目标：

- 理解函数及其调用。
- 掌握C语言中常见的函数。
- 掌握函数的返回值。
- 会自己定义及调用函数。
- 熟悉带参函数的调用。
- 理解变量的作用域。
- 理解变量的存储类型。

完成任务：

继续完善学生成绩管理系统，用函数实现功能：计算每个学生的平均分；计算每门课程的平均分；找出最高的分数所对应的学生和课程。

7.1　函数应用的必要性

前面几章介绍了利用C语言进行程序设计的基本概念，正如大家所看到的，顺序、选择和循环等基本结构语句能够设计出程序，但是否这样就足够了呢？随着处理问题越来越复杂，程序也会变得越来越长。程序一旦代码量过长会带来许多问题，会导致开发、阅读和理解、维护过程困难。另外，随着程序变大，程序中也常出现一些相同或类似的代码，这使程序变得更长，增加了程序之间的互相联系。通常情况下，处理复杂问题的基本方法是把它分解为相对较小的、相对独立的程序段，然后用各个程序段的处理结果去实现整个问题。在C语言中，通过函数的机制来实现。

函数的作用是使人们可以把较小的、相对独立的程序段抽象出来，可以被看成组成一个程序的逻辑单元。然后把抽象出来的一段程序段取了一个名字，就是函数定义；当程序中需要用到已经定义好的函数时，通过一种简洁的形式执行这个功能，这个过程就是函数调用。

函数机制带来的好处：

（1）重复出现的程序段可以用一个函数定义和函数调用来完成，这样使用程序更加简短而清晰。

（2）当程序出现问题时，只需要修改函数的定义即可，有利于程序的维护。

（3）可将函数分类保存，以用于别的项目，以此来提高代码的重用性。

C的源程序是由函数组成的。其中，每个C程序都由一个主函数和若干其他函数组成。C语言是通过函数来实现模块化程序设计的，所以较大的C语言应用程序是由多个函数组成的，每个函数分别对应各自的功能模块。C语言易于实现结构化程序设计，使程序的层次结构清晰，便于程序的编写、阅读、调试和维护。掌握C语言函数的相关知识是进行模块化设计的基础。

7.2 函数的分类

1. 从函数定义的角度分类

从函数定义的角度，函数可分为库函数和用户自定义函数两种。

（1）库函数。库函数又称标准函数。C语言提供了丰富的库函数，每个库函数都是一段完成特定功能的程序，由于这些功能往往是程序设计人员的共同需求，所以这些功能被设计成标准的程序段，并经过编译后以目标代码的形式存放在库文件中。针对这类函数用户无须定义，在程序中直接调用即可。例如：之前常用到的printf()、scanf()等。

（2）用户自定义函数。用户自定义函数是用户根据自己的业务需要编写的函数。对于用户自定义函数，不仅要在程序中定义函数本身，而且在主调函数模块中还必须对该被调函数进行类型说明，然后才能使用。

2. 从函数是否有返回值的角度分类

从函数是否有返回值的角度，可把函数分为有返回值函数和无返回值函数两种。

（1）有返回值函数。此类函数被调用执行完后将向调用者返回一个执行结果，称为函数返回值。如数学函数即属于此类函数。由用户定义的这种要返回函数值的函数，必须在函数定义和函数说明中明确返回值的类型。

（2）无返回值函数。此类函数用于完成某项特定的处理任务，执行完成后不向调用者返回函数值。由于函数无须返回值，因此用户在定义此类函数时可指定它的返回为“空类型”，空类型的说明符为“void”。

3. 从函数是否带有参数角度分类

从函数是否带有参数的角度，可把函数分为无参函数和有参函数两种。

（1）无参函数。函数定义、函数说明及函数调用中均不带参数。主调函数和被调函数之间不进行参数传递。此类函数通常用来完成一组指定的功能，可以返回或不返回函数值。

（2）有参函数。有参函数也称为带参函数。在函数定义及函数说明时都有参数，称为形式参数（简称为形参）。在函数调用时也必须给出参数，称为实际参数（简称为实参）。进行函数调用时，主调函数将把实参的值传递给形参，供被调函数来使用。

但是值得注意的是，在C语言中，所有的函数定义，包括主函数main()在内，都是平行的。也就是说，在一个函数的函数体内，不能再定义另一个函数。但是，两个函数之间允许相互嵌套调用，也允许嵌套调用。主函数可以调用其他函数，但不允许其他函数调用主函数。因为在C语言中程序的执行顺序总是从main()函数开始，完成对其他函数的调用后再返回到main()函数，最后由main()函数结束整个程序。一个C源程序必须有且只有一个主函数main()。

7.3 常用的库函数

库函数由C语言编译系统提供，用户无须定义，也不必在程序中作类型说明，只需在程序前包含有该函数定义的头文件，就可以在程序中直接调用。在之前编写程序过程中，反复用到的 printf()、scanf()、getchar()、putchar()等函数都是库函数。对这一类库函数，系统都提供了相应的头文件，该头文件中包含了这一类库函数的声明。如 getchar()、putchar()等输入/输出函数的说明包含在 stdio.h 文件中，sin()、sqrt()等数学函数的说明包含在 math.h 文件中。所以，程序中如果要用到库函数，在程序文件的开头应使用#include 命令包含相应的头文件。需要说明的是，不同的 C 语言系统提供的库函数的数量和功能有所不同，但一些基本函数是相同的，如表 7-1 所示。

表 7-1　C 语言中常用的库函数

库　函　数	头文件	用　途
double sqrt(double x)	math.h	计算 x 的平方根
double pow(double x,double y)		计算 x 的 y 次幂
double ceil(double x)		求不小于 x 的最小整数，并以 double 形式显示
double floor(double x)		求不大于 x 的最大整数，并以 double 形式显示
int toupper(int x)	ctype.h	如果 x 为小写字母，则返回对应的大写字母
int tolower(int x)		如果 x 为大写字母，则返回对应的小写字母
int rand(void)	stdlib.h	产生一个随机数
void exit(int retval)		终止程序

【示例 7.1】求自然数 1~10 的平方根和立方根。

```
#include <stdio.h>
#include <math.h>                         //引入了包含数学类函数的头文件
void main()
{
    int x;
    double sq,power;
    for(x=1;x<=10;x++)
    {
        sq=sqrt(x);
        power=pow(x,3);
        printf("%d 的平方根:%3.2f\t%d 的立方:%5.0f\n",x,sq,x,power);
    }
}
```

程序运行结果：

```
1的平方根:1.00  1的立方:    1
2的平方根:1.41  2的立方:    8
3的平方根:1.73  3的立方:   27
4的平方根:2.00  4的立方:   64
5的平方根:2.24  5的立方:  125
6的平方根:2.45  6的立方:  216
7的平方根:2.65  7的立方:  343
8的平方根:2.83  8的立方:  512
9的平方根:3.00  9的立方:  729
10的平方根:3.16 10的立方: 1000
Press any key to continue
```

【示例 7.2】常用库函数的使用。

```
#include <stdio.h>
#include <math.h>              //包含数学类函数的头文件
#include <ctype.h>             //包含 toupper()函数和 tolower()函数的头文件
#include <stdlib.h>            //包含 rand()函数的头文件
```

```
#include <time.h>                 //包含srand()系统时间函数的头文件
void main()
{
    char min='a';
    char max='A';
    int i;
    printf("==========floor()的使用============\n");
    printf("floor(45.2) = %f\n",floor(45.2));
    printf("floor(-45.2) = %f\n",floor(-45.2));
    printf("floor(45.9) = %f\n",floor(45.9));
    printf("floor(-45.9) = %f\n",floor(-45.9));
    printf("==========ceil()的使用=============\n");
    printf("ceil(-45.2) = %f\n",ceil(-45.9));
    printf("ceil(-45.2) = %f\n",ceil(-45.2));
    printf("ceil(45.9) = %f\n",ceil(45.9));
    printf("ceil(-45.9) = %f\n",ceil(-45.9));
    printf("==========toupper()的使用==========\n");
    printf("toupper的:%c",toupper(min));
    printf("==========tolower()的使用==========\n");
    printf("tolower:%c",tolower(max));
    printf("==========rand()的使用=============\n");
    printf("===产生10个0到99之间的随机数序列===\n");
    //srand((unsigned)time(NULL));
    for(i=1;i<10;i++)
        printf("%d ",rand()%100);
    printf("\n");
}
```

程序运行结果：

```
==========floor()的使用============
floor(45.2) = 45.000000
floor(-45.2) = -46.000000
floor(45.9) = 45.000000
floor(-45.9) = -46.000000
==========ceil()的使用=============
ceil(-45.2) = -45.000000
ceil(-45.2) = -45.000000
ceil(45.9) = 46.000000
ceil(-45.9) = -45.000000
==========toupper()的使用==========
toupper的:A==========tolower()的使用==========
tolower:a==========rand()的使用=============
===产生10个0到99之间的随机数序列===
41 67 34 0 69 24 78 58 62
Press any key to continue_
```

函数 rand()没有参数，每次调用时将得到一个随机的整数，其值在 0 和系统定义的符号常量 RAND_MAX 之间。不同系统里 RAND_MAX 可能不同。一般系统中是 32 767。通过 rand()%100 获得 0～99 之间的数。试着运行些程序，可以发现此程序中用随机函数处理的输出结果相同，也就是说 rand()函数每次产生的随机数都一样。这种完全相同的序列对于程序来说是非常糟糕的。要解决这个问题，需要在每次产生随机序列前，先指定不同的随机种子，这样计算出来的随机序列就不会完全相同了。可以在调用 rand()函数之前调用函数 srand((unsigned)time(NULL))，这样以 time 函数值（即当前时间）作为种子数，因为两次调用 rand()函数的时间通常是不同的，就可以保证随机性了。使用这个函数需要包含头文件 time.h。去掉示例 7.2 中 srand()函数前的注释符，再运行程序，发现每次运行的随机数序列都不一样了。

7.4　函数的定义

在 C 语言中，系统提供库函数并不能满足用户需要，编程时总要考虑根据自己的需要定义函数。函数定义就是自定义函数，是用户在程序中根据需要而编写的函数。

在自定义函数中通常都包含一段程序的代码，执行是将完成一定工作。定义函数时给定一个名字，供调用这个函数时使用。函数定义的基本形式如下所示。

```
数据类型标识符 函数名([形式参数 1],[ 形式参数 1],…)
{
    函数体(包括变量的定义或语句)
}
```

说明：

（1）数据类型确定该函数返回值的数据类型，默认时系统认为是整型或字符型。

（2）函数名由用户自己确定，必须符合 C 语言标识符命名的规则。

（3）形式参数（即形参变量）应是合法的标识符，形参之间用逗号隔开。函数可以没有形式参数，但函数名后面的一对圆括号不能省。

（4）{}内放置内容称为函数体，是描述这个函数所封装的计算过程，可以包含变量的声明或语句。

（5）在函数定义时，此函数的数据类型标识符可省略。在 C 语言中，函数数据类型省略时默认函数的返回值类型为整型（int）。

例如：

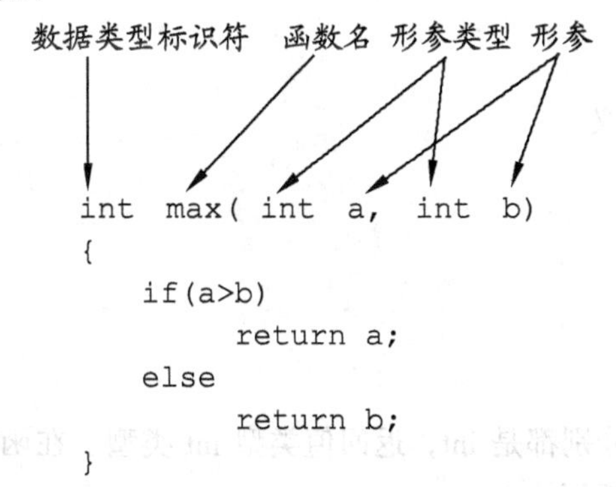
数据类型标识符
函数名
形参类型
形参
int max(int a, int b)
{
if(a>b)
return a;
else
return b;
}

此函数说明 max()函数是一个整型函数，其返回的函数值是一个整数。形参为 a、b 均为整型变量，只能接收整型数据。在{}中的函数体内，除形参外没有使用其他变量，因此只有语句而没有声明部分。在 max()函数体中的 return （代表返回，是 C 语言中关键字）语句是把 a（或 b）的值作为函数的值返回。有返回值函数中至少应有一个 return 语句。

在 C 程序中，一个函数的定义可以放在任意位置，既可放在主函数 main()之前，也可放在 main()之后。

现场练习 1：

以下定义函数形式是否正确？如有问题描述其错误原因。

```
int ex1()
{
```

```
    int a=10;
    printf("%d",a);
}
```

现场练习 2:

以下定义函数形式是否正确？如有问题描述其错误原因。

```
void ex2()
{
    int a=10;
    printf("%d",a);
}
```

现场练习 3:

以下定义函数形式是否正确？如有问题描述其错误原因。

```
ex3()
{
    int a=10;
    printf("%d",a);
}
```

现场练习 4:

以下定义函数形式是否正确？如有问题描述其错误原因。

```
int ex4()
{
    float  a=18.9;
    printf("%f",a);
    return a;
}
```

【示例 7.3】下面的代码段给出了一个函数定义。

```
int max(int x,int y)
{
    int m;
    m=x>y?x:y;
    return m;
}
```

表示该函数名为 max，它有两个参数，类型分别都是 int，返回值类型 int 类型。在函数体内有三条语句实现了求两个数中较大的数，并将它返回。

【示例 7.4】下面的代码段给出了一个函数定义。

```
void display()
{
    float price ,sum;
    printf("请输入价格:");
    scanf("%f",&price);
    sum=0.7*price;
    printf("折扣后总额为%f",sum);
}
```

该函数名为 display，无参数，使用 void 说明无返回值，函数体内的语句用于根据产品的价格求折扣后的总额。

7.5　函 数 原 型

函数被定义之后，在其他函数调用之前一般需要对该函数进行声明，以便向编译器指出该函数要使用什么样的格式或语法，也称为函数原型声明。函数原型声明位于程序的开始处，位于头文件声明之后。函数原型声明在形式上与函数头部类似，最后加一个分号。原型声明中参数表里的参数名可以不写，只写参数类型。即使在这里写参数名，所用名字也不必与函数定义用的名字一致。函数原型声明里面的参数名可以起提示作用，也提倡给出有意义的名字，这将有利于函数的正确使用。

下面是前面定义的函数的原型声明：

```
int max(int x,int y);//或 int max(int,int);
void display();
```

函数声明不是必需的，但如果一个函数是定义在后，被调用在前，则被调用之前必须声明。

【示例 7.5】下面是函数必须先声明才能被调用的源代码。

```
#include <stdio.h>
int max(int,int);                           //函数原型或 int max(int x,int y);
void main()
{
    int a=3,b=4;
    int c;
    c=max(a,b);                             //函数调用
    printf("%d\n",c);
}
int max(int x,int y)                        //函数定义
{
    int m;
    m=x>y ? x:y;
    return m;
}
```

程序运行结果：

```
4
Press any key to continue
```

注：自己定义函数 max()放在主函数 main()下面，所以想使用 max()函数必须在头文件和主函数 main()之间声明此函数。

【示例 7.6】下面是函数不必声明直接可以被调用的源代码。

```
#include <stdio.h>
int max(int x,int y)//函数定义
{
    int m;
    m=x>y?x:y;
    return m;
}
void main()
{
    int a=3,b=4;
```

```
    int c;
    c=max(a,b);//函数调用
    printf("%d\n",c);
}
```

程序运行结果：

```
4
Press any key to continue
```

注：自己定义函数 max()放在头文件和主函数 main()之间，可以直接调用此函数，不必进行声明。

【示例 7.7】用函数形式输出等边三角形。

第一种实现方式：

```
#include <stdio.h>
void display();        //函数声明
void main()
{
    printf("====等边三角形====\n");
    display();         //函数调用
    printf("\n");
}
void display()         //函数定义
{
    int i,j,k=0;
    for(i=0;i<=5;i++)
    {
        for(j=10;j>i;j--)
        {
            printf(" ");
        }
        for(j=0;j<=k;j++)
        {
            printf("*");
        }
        k+=2;
            printf("\n");
    }
}
```

第二种实现方式：

```
#include <stdio.h>
void display()         //函数定义
{
    int i,j,k=0;
    for(i=0;i<=5;i++)
    {
        for(j=10;j>i;j--)
        {
            printf(" ");
        }
        for(j=0;j<=k;j++)
```

```
        {
            printf("*");
        }
        k+=2;
            printf("\n");
    }
}
void main()
{
    printf("====等边三角形====\n");
    display();              //函数调用
    printf("\n");
}
```

程序运行结果：

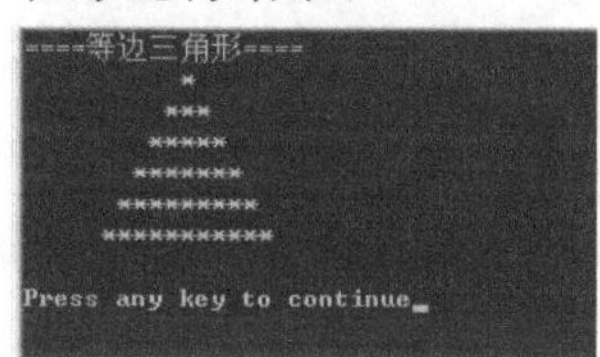

7.6 函数返回值

通常情况下，希望通过函数调用来使主调函数能得到一个确定的值，这就是函数的返回值。C 语言中，函数分为带有返回值和不带返回值两种。

7.6.1 函数有返回值

带有返回值的函数需要通过返回语句来实现，返回语句的语法如下：

```
return(表达式);
```

或

```
return 表达式;
```

该语句将被调用函数中的一个确定的值带回主调函数中。

在 C 语言中一个函数可以有一个或以上的 return 语句，执行到任一个 return 语句，函数执行终止，程序控制流程将立即返回调用函数。函数返回值的数据类型必须与函数原型中返回值的数据类型匹配。

return 语句后面的括号也可以不要，如：return z;等价 return (z);

return 后面的值可以是一个表达式。

可以把两个数中比较大的值返回可以改写如下：

```
int max(int x,int y)
{
    return (x>y?x:y);
}
```

或

```
max(int x,int y)
{
```

```
    return (x>y?x:y);
}
```

这样的函数体更为简短，只用一个 return 语句就把求值和返回都解决了。

注意：

（1）在定义函数时指定的函数类型一般就应该和 return 语句中的表达式一致。

（2）在 C 语言中，凡不加类型说明的函数，自动按整型处理。

【示例 7.8】函数返回值与类型相同示例。

```
#include <stdio.h>
int div(int num)                //函数定义，此函数定义时数据类型可以省略
{
    if(num%5==0)
        return 1;
    else
        return 0;
}
void main()
{
    int op,re;
    printf("请输入一个整数:\n");
    scanf("%d",&op);
    re=div(op);
    printf("最后结果: %d\n",re);
}
```

程序运行结果：

```
请输入一个整数:
15
最后结果: 1
Press any key to continue
```

【示例 7.9】函数返回值与类型不同示例。

```
#include <stdio.h>
int max(float x,float y)     //函数定义
{
    float t;
    t=x>y?x:y;
    return t;
}
void main()
{
    float a,b;
    int re;
    printf("请输两个数:\n");
    scanf("%f,%f",&a,&b);
    re=max(a,b);
    printf("最大值是: %d\n",re);
}
```

程序运行结果：

```
请输两个数:
1.8,5.6
最大值是: 5
Press any key to continue
```

注意：函数 max()定义为整型，而 return 语句中的 t 为实型，二者不一致，按上述规定，先将 t 转换为整型，然后 max(float x,float y)带回一个整型值 5 返回主调函数 main()。如果将 main()函数中的 re 定义为实型，用%f 格式符输出，也就是输出 1.000000。

有时可以利用这一特点进行类型转换，如在函数中进行实型运算，希望返回的是整型量，可让系统自动完成类型转换。但这种做法往往使程序不清晰，可读性降低，容易出错，而且并不是所有的类型都能互相转换。因此建议初学者不要采用这种方法，而应做到使函数类型与 return 语句返回值的类型一致。

7.6.2 函数无返回值

对于不带回值的函数，也就是说明此函数没有任何返回值类型。如果省略，默认函数的数据类型为整型（int）。在 C 语言中用“void”定义函数为“无类型”（或称“空类型”）。这样，系统就保证不使函数带回任何值，即禁止在调用函数中使用函数的返回值。此时在函数体中不得出现 return 语句。

【示例 7.10】函数实现 1～100 的累加和。

```
#include <stdio.h>
void sum()                //函数定义
{
   int i;
   int result=0;
   for(i=1;i<=100;i++)
   {
      result+=i;
   }
   printf("1~100 个数累加和是:%d\n",result);
}
void main()
{
   sum();
}
```

程序运行结果：

```
1~100个数累加和是:5050
Press any key to continue
```

7.7 函 数 调 用

函数一旦定义完并没有任何意义，只有在程序中对已定义的函数进行调用才体现其意义。在 C 语言当中，函数通过调用来执行函数体，习惯上把调用者称为主调函数。

自定义函数可以自定义的其他函数，可以调用系统提供的库函数，也允许被其他函数调用。main()函数是 C 程序的主函数，它可以调用其他函数，而不允许被其他函数调用。因此，C 程序的执行总是从 main()函数开始，完成对其他函数的调用后再返回到 main()函数，最后由 main()函数结束整个程序。一个 C 源程序必须有也只能有一个主函数 main()。

C语言中，函数调用的一般形式为：

函数名(实际参数表)

实际参数表中的参数可以是常量、变量、表达式及函数，各实参之间用逗号隔开。

调用函数的一般执行过程如下：

（1）首先计算实参表达式的值，分别传递给对应的形参。

（2）将控制传给被调用函数，开始执行被调函数。

（3）被调用函数保存调用函数的执行现场。

（4）执行被调用函数的函数体，遇到调用其他函数，重复执行步骤（1）调用其他函数。

（5）遇到 return 语句或函数体的结束括号"}"，函数执行结束。控制返回调用函数，从调用语句的下一条语句开始继续执行调用函数。

7.7.1 区分形参和实参

函数的参数分为形式参数和实际参数，简称为形参和实参。形参是指定义函数时函数列表中的参数；而实参是指调用函数的参数。定义一个函数时，参数列表中的参数是形式上的，它没有内存空间，也没有实际值；而调用函数的参数是具有实际值的表达式。图 7-1 显示了函数的形参与实参。

```
                形式参数
int max(int x,int y)
{
    …
}
void main()
{
            实际参数
    …
    max(12,16);  ←——— 函数调用
    …
}
```

图 7-1 函数的形参与实参

对形参和实参应注意的几点：

（1）实参的可以是变量、常量、函数、表达式等各种元素。

（2）实参的数据类型和数量必须和形参的一致。

（3）形参在函数未调用之间是不存在的，只有在发生函数调用时，函数中的形参才会分配内存单元。在函数执行结束后，这些形参所占据的内存单元会被自动释放。

在C语言中，常用以下几种方式调用函数：

（1）函数表达式。函数作为表达式中的一项出现在表达式中，以函数返回值参与表达式的运算。这种方式要求函数是有返回值的。例如：z=max(x,y)是一个赋值表达式，把 max 的返回值赋予变量 z。

（2）函数语句。函数调用的一般形式加上分号即构成函数语句。例如：printf("%d",a);和 scanf

("%d",&b);都是以函数语句的方式调用函数。

（3）函数实参。函数作为另一个函数调用的实际参数出现。这种情况是把该函数的返回值作为实参进行传送，因此要求该函数必须是有返回值的。例如：printf("%d",max(x,y));即是把 max()调用的返回值又作为 printf()函数的实参来使用的。在函数调用中还应该注意的一个问题是求值顺序的问题。所谓求值顺序，是指对实参表中各量是自左至右使用还是自右至左使用。对此，各系统的规定不一定相同。介绍 printf() 函数时已提到过，这里从函数调用的角度再强调一下。

7.7.2 函数的参数数据传递

有两种调用方法可用来向函数传递参数值：传值调用和引用调用。

1. 传值调用

默认情况下，C 语言中函数使用传值调用的方法。调用函数将参数的值传递给被调用函数。通常，被调用函数只能用这些参数的值而不是参数本身。传值调用时，调用函数的实参用表达式值，被调用函数的形参用变量名。在调用时，系统将实参复制一个副本给形参，使形参具有与实参相同的值，即实参值分别按位置传递给对应的形参，使形参获取从实参传递来的值。这种调用方式的特点是在被调用函数中改变形参的值，只是改变其副本值，而不会影响调用函数中的实参值。

【示例 7.11】用函数传值调用方式实现分别递增两个数。

```
#include <stdio.h>
void test(int x,int y)                    //函数定义
{
    x+=2;
    y+=2;
    printf("自己定义函数中的值: %d和%d\n",x,y);
void main()
{
    int num1,num2;
    printf("请输入两个数: \n");
    scanf("%d,%d",&num1,&num2);
    printf("执行运算之前的值是: %d和%d\n",num1,num2);
    test(num1,num2);
    printf("执行运算之后的值是: %d和%d\n",num1,num2);
}
```

此示例中声明了两个变量 num1 和 num2，并接收用户为其输入的值。调用函数 test()，将 num1 和 num2 的值传递给该函数。在此函数中，将参数 x 和 y 的值自增。

程序运行结果：

```
请输入两个数:
12,13
执行运算之前的值是: 12和13
自己定义函数中的值: 14和15
执行运算之后的值是: 12和13
Press any key to continue
```

从输出结果可以看出，调用函数 test()前后变量 num1 和 num2 的值并没有改变，也就是说，自定义函数中参数值的改变没有传递回实参 num1 和 num2。造成这种情况的原因是采用传值调用方式。图 7-2 显示了示例 7.11 的工作原理。

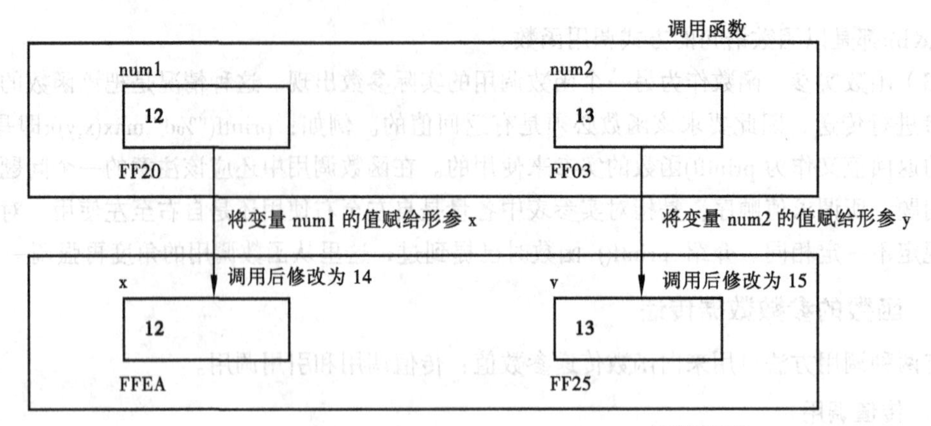

图 7-2 传值调用

由图 7-2 可以看出，当 num1 和 num2 的值传递给被调用函数 test()时，程序为形参 x 和 y 分配两个不同的内存单元，并将 num1 和 num2 的值分别存储在其中。所以，在被调用函数中，修改变量 x 和 y 的值并没有影响到主函数中变量 num1 和 num2 的值。

2. 引用调用

引用调用时，调用函数的实参使用地址值，被调用函数的形参要求是数组或指针，并要求形参指针的类型要与实参地址中存放的变量类型相同。在引用调用时，调用函数实参的地址值传递给对应的形参的数组或指针，让形参数组或指针指向实参地址中的存放的变量。因此，在引用调用中不是将实参复制一个副本给形参，而是把实参的地址给形参，即让形参直接指向实参，于是便可以在被调用函数中通过改变数组或指针所指向的变量的值来影响实参的值，这是引用调用的一个特点。

引用调用的优点是调用时只传递变量的地址值，而不复制副本，这在时间和空间的开销上都将减少，因此可提高运行效率，特别是对复杂的类型变量，只传地址会提高效率，这是传址的突出优点。

【示例 7.12】用函数引用调用方式实现分别递增两个数。

```
#include <stdio.h>
void test(int *x,int *y)//函数定义
{
    (*x)+=2;
     (*y)+=2;
    printf("自己定义函数中的值: %d和%d\n",*x,*y);
}
void main()
{
    int num1,num2;
    printf("请输入两个数: \n");
    scanf("%d,%d",&num1,&num2);
    printf("执行运算之前的值是: %d和%d\n",num1,num2);
    test(&num1,&num2);
    printf("执行运算之后的值是: %d和%d\n",num1,num2);
}
```

程序运行结果：

```
请输入两个数：
12,13
执行运算之前的值是：12和13
自己定义函数中的值：14和15
执行运算之后的值是：14和15
Press any key to continue
```

从输出结果可以看出，调用函数 test()前后 num1 和 num2 的值已经改变。示例 7.11 和示例 7.12 的不同之处在于，函数调用时使用的实参为&num1 和&num2，将 num1 和 num2 的内在地址而不是值传递给被调函数 test()。被调用函数的形参是指向整型变量的指针 x 和 y。这样通过函数调用，指针 x 和 y 分别指向变量 num1 和 num2。在被调用函数中使用*x 和*y 间接引用变量 num1 和 num2，所以函数调用前后变量 num1 和 num2 的值发生了变化。图 7-3 显示了示例 7.12 的工作原理。

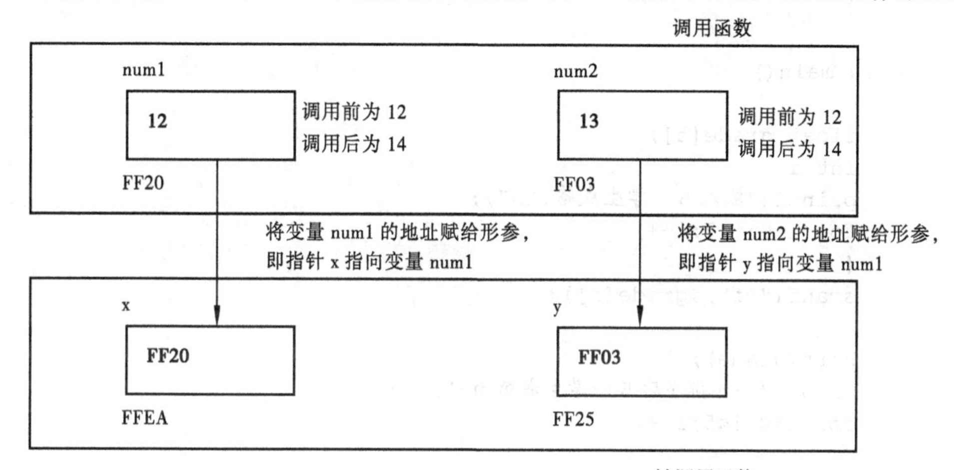

图 7-3　引用调用

如图 7-3 所示，引用调用意味着将实参 num1 和 num2 的地址传递给形参，即指针 x 和 y 分别指向变量 num1 和 num2。因此，函数调用前后 num1 和 num2 的值发生了变化。

传值调用和引用调用的区别：传值调用中，以参数形式传递给函数的是每个变量的副本，修改或操作的是副本。因此调用函数中的原始值不受影响。在引用调用中，传递给函数的是变量的地址，所做的任何更改实际上都是针对变量本身。因此，这些更改将自动反映到调用函数中。有时候不允许改变函数中的值，这种情况下宜使用传值调用方法。例如，一个函数需要求出所给数的立方。函数的目的是返回立方值，因此不得修改原始给定的数。对于这样的函数，使用传值调用比较理想。但是，如果有一个问题需要将两个给定的数互换，使用传值调用将产生错误的结果。这种情况下应采用引用调用可以确保得到准确的结果。

7.7.3　数组作为函数参数

数组可以作为函数的参数来传递信息。通过示例 7.13 分析数组作为参数的工作原理。

【示例 7.13】函数实现 5 个学员成绩的排序（用数组作为函数的参数）。

```
#include <stdio.h>
void sort(float a[5])//函数定义
{
    int i,j;
    float t;
    for(i=0;i<5;i++)
```

```
        {
            for(j=0;j<5-i-1;j++)
            {
                if(a[j]>a[j+1])
                {
                    t=a[j+1];
                    a[j+1]=a[j];
                    a[j]=t;
                }
            }
        }
    }
    void main()
    {
        float grade[5];
        int i;
        printf("输入5个学生成绩:\n");
        for(i=0;i<5;i++)
        {
        scanf("%f",&grade[i]);
        }
        sort(grade);
        printf("\n排序后5个学生成绩为:\n");
        for(i=0;i<5;i++)
        {
            printf("%5.2f ",grade[i]);
        }
        printf("\n");
    }
```

程序运行结果：

```
输入5个学生成绩:
56 98 100 23 0

排序后5个学生成绩为:
 0.00 23.00 56.00 98.00 100.00
Press any key to continue
```

在此示例中，main()函数中声明了一个浮点型数组 grade，用来保存学生的成绩。首先录入学员成绩，存储在数组 grade 中。然后调用排序函数 sort()，将数组名 grade 作为函数的实参传递给 sort()函数的形参数组 a。在 sort()函数中，对数组 a 的元素排序。调用函数后，打印数组 grade 的元素。由输出结果可以看出，数组 grade 中的元素也成为有序。

思考一下，排序函数中修改形参数组 a 的内容，为什么会影响到实参数组元素的值呢？实际上，在用数组作实参时，不是进行值的传递，即不是把实参数组的每一个元素的值都依次赋给形参数组的各个元素。那么，数据的传递是如何实现的呢？在前面已经介绍过，数组名就是数组的首地址。因此，在数组名作实参时所进行的是地址的传递，也就是说把实参数组的首地址赋给形参数组名。形参数组名取得该首地址之后，也就等于有了实在的数组。实际上形参数组和实参数组为同一数组，共同拥有一段内在空间。所以示例 7.13 中在被调用函数中，改变数组 a 的元素值，数组 grade 的元素值也随之改变。

另外需要注意的是，形参数组和实参数组的长度可以不相同，因为在调用时，只传递首地址而不检查形参数组的长度。当形参数组的长度与实参数组不一致时，虽然不出现语法错误（编译能通过），但是程序执行结果将与实际不符。

【示例 7.14】函数实现求 5 个数中的最大值（用数组作为函数的参数）。

```
#include <stdio.h>
int max(int *p)//函数定义
{
    int large=*p;
    int i;
    for(i=0;i<5;i++)
    {
        if(large<*p)
        {
            large=*p;
        }
        p++;
    }
    return large;
}
void main()
{
    int  num[5];
    int i,largeNum;
    printf("输入 5 个整数:\n");
    for(i=0;i<5;i++)
    {
    scanf("%d",&num[i]);
    }
    largeNum=max(num);
    printf("5 个数中最大数是:%d\n",largeNum);
}
```

程序运行结果：

```
输入5个整数:
12 45 89 63 12
5个数中最大数是:89
Press any key to continue
```

在此示例中，main()函数中声明了一个整型数组 num。首先录入 5 个数值，存储在数组 num 中。然后调用函数 max()，并且将数组 num 的首地址传递给指针变量 p。在函数 max()中，通过指针变量的递增来遍历数组的所有元素，求出最大值，并将最大值返回。

现场练习 5：

编写一个函数，计算圆的面积和周长。

提示：pi = 3.14，面积 = pi*r**r，周长 = 2*pi*r。

7.8 函数的嵌套与递归调用

7.8.1 函数的嵌套调用

C 语言中函数的定义都是相互平行的、独立的，不存在上一级函数和下一级函数的问题，也就是说在定义函数时，一个函数内不能再定义另一个函数，即函数的定义不能嵌套。但是，C语言允许在一个函数的定义中出现对另一个函数的调用。这样就出现了函数的嵌套调用。

函数的嵌套调用执行过程表示如图 7-4 所示。

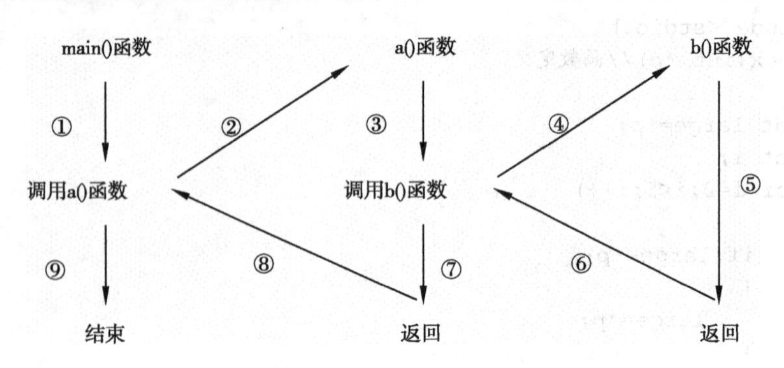

图 7-4　函数的嵌套

图 7-4 表示的是两层的嵌套，其执行过程是：

（1）执行 main()函数的开头部分。

（2）遇函数调用语句，调用函数 a()。

（3）执行 a()函数的开头部分。

（4）遇函数的调用语句，调用函数 b()。

（5）执行 b()函数，如果再无其他嵌套的函数，则完成 b()函数的全部操作。

（6）返回到 a()函数中调用 b()函数的位置。

（7）继续执行 a()函数中尚未执行的部分，直到 a()函数结束。

（8）返回 main()函数中调用 a()函数的位置。

（9）继续执行 main()函数的剩余部分直到结束。

【示例 7.15】编写函数，计算 2 和 3 这两个数的平方的阶乘之和。

分析：本题可编写两个函数，一个是用来计算平方值的函数 square()，另一个是用来计算阶乘值的函数 factorial()。主函数先调 square()计算出平方值，再在 square() 中以平方值为实参，调用 factorial() 计算其阶乘值，然后返回 square()，再返回主函数，在循环程序中计算累加和。

```
#include <stdio.h>
long factorial(int q)
{
    long c=1;
    int i;
    for(i=1;i<=q;i++)
       c=c*i;
    printf("此数阶乘是:%ld ",c);
    return c;
}
long square(int p)
{
    int k;
    long r;
    k=p*p;
```

```
        printf("此数平方是:%ld ",k);
        r=factorial(k);
        return r;
    }
    void main()
    {
        int i;
        long s=0;
        for(i=2;i<=3;i++)
        {
            printf("\n当前数是:%d ",i);
            s=s+square(i);
        }
        printf("\ns=%ld\n",s);
    }
```

程序运行结果：

```
当前数是:2 此数平方是:4 此数阶乘是:24
当前数是:3 此数平方是:9 此数阶乘是:362880
s=362904
Press any key to continue
```

在程序中，函数 square()和 factorial()均为长整型，都在主函数之前定义，故不必再在主函数中对 square()和 factorial()加以说明。在主程序中，执行循环程序依次把 i 值作为实参调用函数 square()求 i 值。在 square()中又发生对函数 factorial()的调用，这时是把 square()中计算的平方值作为实参去调用 factorial()，在 factorial() 中完成求阶乘的计算。factorial()执行完毕把返回值返回给 square()，再由 square() 返回主函数实现累加。至此，由函数的嵌套调用实现了题目的要求。由于数值很大，所以函数和一些变量的类型都说明为长整型，否则会造成计算错误。

【示例 7.16】验证哥德巴赫猜想，即一个大于等于 6 的偶数可以表示为两个素数之和，例如，6 = 3+3，8 = 3+5，10 = 3+7，……。

分析：目标是将一个大于等于 6 的偶数 n 分解为 n1 和 n2 两个素数，使得 n = n1+n2。采用穷举法，考虑 n1 和 n2 的所有组合情况，发现 n1 和 n2 均为素数时，即验证成功。

```
#include <stdio.h>
int prime(int n)
{
    int i,flag=1;
    for(i=2;i<=n/2;i++)
    {
        if(n%i==0)
        {
            flag=0;
            break;
        }
    }
    return flag;
}
void fenjie(int n)
{
```

```
        int n1,n2;
        for(n1=3;n1<n/2;n1++)
        {
            n2=n-n1;
            if(prime(n1) && prime(n2))
                printf("%d = %d + %d \n",n,n1,n2);
        }
    }
    void main()
    {
        int n;
        do
        {
            printf("input n(>=6):");
            scanf("%d",&n);
        }while(!(n>=6 && n%2==0));
        fenjie(n);
    }
```

程序运行结果：

```
input n(>=6):10
10 = 3 + 7
Press any key to continue
```

程序的执行过程如图 7-5 所示。

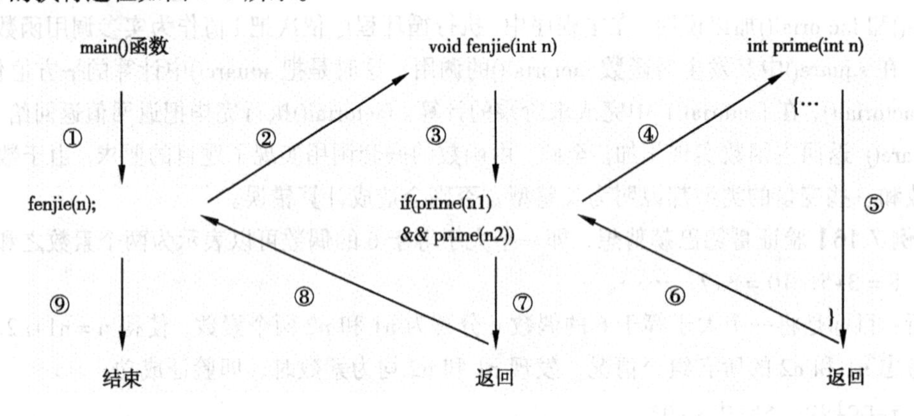

图 7-5 示例 7.16 程序的执行过程

7.8.2 函数的递归调用

一个函数在它的函数体内调用自身称为递归调用。这种函数称为递归函数。C语言允许函数的递归调用。在递归调用中，主调函数又是被调函数。执行递归函数将反复调用其自身，每调用一次就进入新的一层。

例如，有函数 f()如下：

```
int f(int x)
{
    int y;
    z=f(y);
    return z;
}
```

这个函数是一个递归函数。但是，运行该函数将无休止地调用其自身，这当然是不正确的。为了防止递归调用无终止地进行，必须在函数内有终止递归调用的手段。常用的办法是加条件判断，满足某种条件后就不再作递归调用，然后逐层返回。下面举例说明递归调用的执行过程。

【示例 7.17】用递归法计算 $n!$。

分析：可用下面的递归公式表示：

$$n! = \begin{cases} 1 & \text{当 } n=0,\ 1 \\ n\cdot(n-1)! & \text{当 } n>1 \end{cases}$$

```
#include <stdio.h>
long ff(int n)
{
    long f;
    if(n<0)
       printf("n<0,input error");
    else if(n==0||n==1)
       f=1;
    else
       f=ff(n-1)*n;
    return(f);
}
void main()
{
    int n;
    long y;
    printf("input a inteager number:");
    scanf("%d",&n);
    y=ff(n);
    printf("%d!=%ld\n",n,y);
}
```

程序运行结果：

```
input a inteager number:5
5!=120
Press any key to continue
```

程序中给出的函数 ff()是一个递归函数。主函数调用 ff() 后即进入函数 ff()内执行，如果 n<0，n==0 或 n==1 时都将结束函数的执行，否则就递归调用 ff()函数自身。由于每次递归调用的实参为 n-1，即把 n-1 的值赋予形参 n，最后当 n-1 的值为 1 时再作递归调用，形参 n 的值也为 1，将使递归终止。然后可逐层退回。

下面再举例说明该过程。设执行本程序时输入为 5，即求 5!。在主函数中的调用语句即为 y=ff(5)，进入 ff()函数后，由于 n=5，不等于 0 或 1，故应执行 f=ff(n-1)*n，即 f=ff(5-1)*5。该语句对 ff()作递归调用即 ff(4)。进行四次递归调用后，ff()函数形参取得的值变为 1，故不再继续递归调用而开始逐层返回主调函数。ff(1)的函数返回值为 1，ff(2)的返回值为 1*2=2，ff(3)的返回值为 2*3=6，ff(4)的返回值为 6*4=24，最后返回值 ff(5)为 24*5=120。

【示例 7.18】Hanoi 塔问题。

Hanoi（汉诺）塔问题是一个古典的数学问题，是一个用递归方法解题的典型例子。问题是这样的：古代有一个梵塔，塔内有三个座 A、B、C，开始时 A 座上有 64 个盘子，盘子大小不等，大的在下，小的在上（见图 7-6）。有一个老和尚想把这 64 个盘子从 A 座移到 C 座，但每次只允许移动一个盘，且在移动过程中在三个座上都始终保持大盘在下，小盘在上。在移动过程中可以利用 B 座，要求编程序打印出移动的步骤。

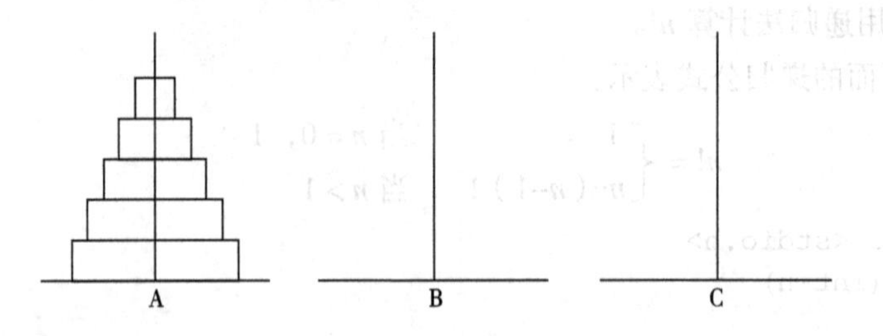

图 7-6 Hanoi 塔问题

本题算法分析如下，设 A 上有 n 个盘子。

如果 $n=1$，则将圆盘从 A 直接移动到 C。

如果 $n=2$，则：

（1）将 A 上的 $n-1$（等于 1）个圆盘移到 B 上。

（2）将 A 上的一个圆盘移到 C 上。

（3）将 B 上的 $n-1$（等于 1）个圆盘移到 C 上。

如果 $n=3$，则：

（1）将 A 上的 $n-1$（等于 2，令其为 n' ）个圆盘移到 B（借助于 C），步骤如下：

① 将 A 上的 $n'-1$（等于 1）个圆盘移到 C 上。

② 将 A 上的一个圆盘移到 B。

③ 将 C 上的 $n'-1$（等于 1）个圆盘移到 B。

（2）将 A 上的一个圆盘移到 C。

（3）将 B 上的 $n-1$（等于 2，令其为 n' ）个圆盘移到 C（借助 A），步骤如下：

① 将 B 上的 $n'-1$（等于 1）个圆盘移到 A。

② 将 B 上的一个盘子移到 C。

③ 将 A 上的 $n'-1$（等于 1）个圆盘移到 C。

到此，完成了三个圆盘的移动过程。

从上面分析可以看出，当 $n\geqslant 2$ 时，移动的过程可分解为三个步骤：

（1）把 A 上的 $n-1$ 个圆盘移到 B 上。

（2）把 A 上的一个圆盘移到 C 上。

（3）把 B 上的 $n-1$ 个圆盘移到 C 上。

其中第（1）步和第（3）步是类同的。

当 $n=3$ 时，第（1）步和第（3）步又分解为类同的 3 步，即把 $n'-1$ 个圆盘从一个针移到另一个针上，这里的 $n'=n-1$。显然这是一个递归过程。

由上面的分析可知，将 n 个盘子从 A 座移到 C 座可以分解为以下三个步骤：

（1）将 A 上 $n-1$ 个盘借助 C 座先移到 B 座上。

（2）把 A 座上剩下的一个盘移到 C 座上。

（3）将 $n-1$ 个盘从 B 座借助于 A 座移到 C 座上。

据此算法可编程如下：

```
#include <stdio.h>
void move(int n,int x,int y,int z)
{
    if(n == 1)
        printf("%c-->%c\n",x,z);
    else
    {
        move(n-1,x,z,y);
        printf("%c-->%c\n",x,z);
        move(n-1,y,x,z);
    }
}
void main()
{
    int h;
    printf("input number:\n");
    scanf("%d",&h);
    printf("the step to moving %2d diskes:\n",h);
    move(h,'a','b','c');
}
```

从程序中可以看出，move()函数是一个递归函数，它有 4 个形参 n、x、y、z。n 表示圆盘数，x、y、z 分别表示三根针。move()函数的功能是把 x 上的 n 个圆盘移动到 z 上。当 n==1 时，直接把 x 上的圆盘移至 z 上，输出 x→z。如 n!=1 则分为三步：递归调用 move 函数，把 n-1 个圆盘从 x 移到 y；输出 x→z；递归调用 move()函数，把 n-1 个圆盘从 y 移到 z。在递归调用过程中 n=n-1，故 n 的值逐次递减，最后 n=1 时，终止递归，逐层返回。

程序运行结果：

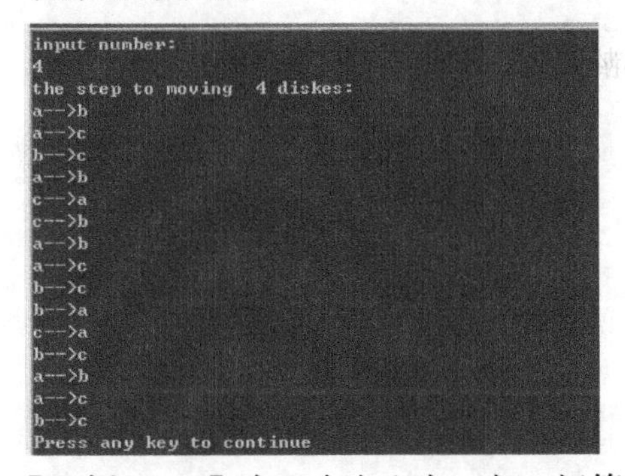

【示例 7.19】有 5 个人坐在一起，问第 5 个人多少岁，他说比第 4 个人大 2 岁。问第 4 个人岁数，他说比第 3 个人大 2 岁。问第 3 个人，又说比第 2 个人大 2 岁。问第 2 个人，说比第 1 个人大 2 岁。最后问第 1 个人，他说是 10 岁。请问第 5 个人多大?

分析：显然这是一个递归问题，要求第 5 个人的年龄，就必须知道第 4 个人的年龄，而第 4 个人的年龄也不知道，要求第 4 个人的年龄，就必须知道第 3 个人的年龄，而第 3 个人的年龄又取决于第 2 个人的年龄，第 2 个人的年龄取决于第 1 个人的年龄。而且每一个人的年龄都比其前 1 个人的年龄大 2，即：

```
age(5) = age(4)+2
age(4) = age(3)+2
age(3) = age(2)+2
age(2) = age(1)+2
age(1) = 10
```

可以用数学公式表述如下：

$$age(n)=\begin{cases}10 & \text{当 } n=1\\ age(n-1)+2 & \text{当 } n>1\end{cases}$$

递归过程如图 7-7 所示。

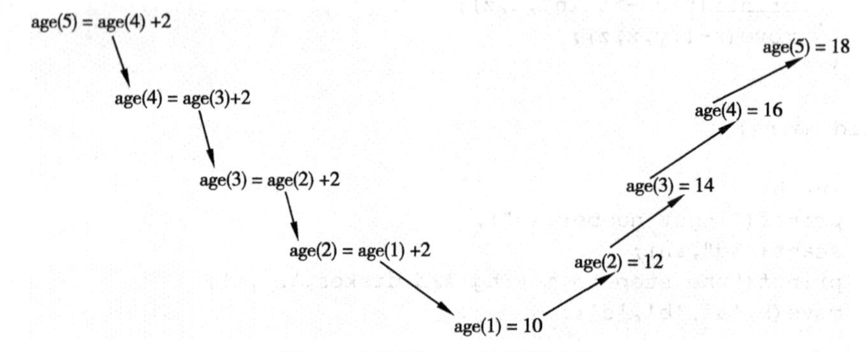

图 7-7 示例 7.19 的递归过程

可以用一个函数来描述上述递归过程：

```
int age(int n)          /*求年龄的递归函数*/
{  int c;               /*c 用作存放函数的返回值的变量*/
   if(n==1) c=10;
     else c=age(n-1)+2;
   return c;
}
```

用一个主函数调用 age()函数，求得第 5 个人的年龄。

```
#include <stdio.h>
void main()
{
   printf("%d",age(5));
}
```

完整源程序：

```
#include <stdio.h>
int age(int n)
{  int c;
   if(n==1)
      c=10;
   else
      c=age(n-1)+2;
   return c;
}
void main()
{
   printf("第 5 个人的年龄是: %d\n",age(5));
}
```

程序运行结果：

```
第5个人的年龄是：18
Press any key to continue
```

7.9　变量的作用域

在现实生活中，世界通用语言为英语，如果在其他国家说汉语，别人可能听不懂，但是如果说英语，那么世界各地的人都可能明白。与此类似，程序中的变量也有它自己的使用范围，我们称其为变量的作用域。

C 语言中的变量，按作用域范围可分为两种，即局部变量和全局变量，如图 7-8 所示。

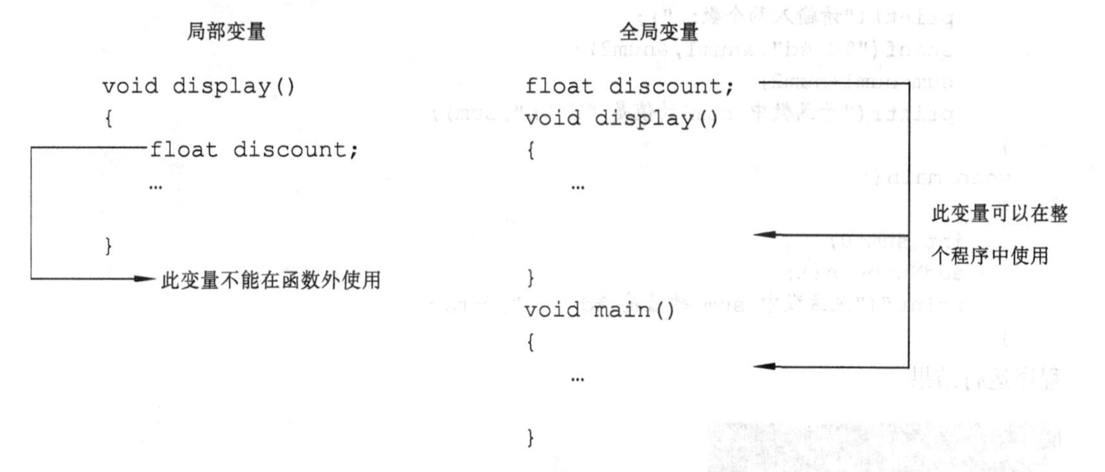

图 7-8　局部变量和全局变量

7.9.1　局部变量

局部变量也称为内部变量。局部变量是在函数内作定义说明的，其作用域仅限于函数内，离开该函数后再使用这种变量是非法的。

例如：

```
int f1(int a)          /*函数 f1()*/
{
    int b,c;
    …
}
```

注：a、b、c 的有效范围只在函数 f1()内

```
int f2(int x)          /*函数 f2()*/
{
    int y,z;
    …
}
```

注：x、y、z 的有效范围只在函数 f2()内。

```
main()
{
    int m,n;
```

```
    ...
}
```

注：m、n的有效范围只在主函数内。

在函数 f1()内定义了三个变量，a 为形参，b、c 为一般变量。在 f1()的范围内 a、b、c 有效，或者说 a、b、c 变量的作用域限于 f1()内。同理，x、y、z 的作用域限于 f2()内。m、n 的作用域限于 main()函数内。

【示例 7.20】局部变量使用示例 1。

```
#include <stdio.h>
void addNumbers()
{
     int num1,num2,sum;
     printf("请输入两个数: ");
     scanf("%d %d",&num1,&num2);
     sum=num1+num2;
     printf("子函数中 sum 的值是 %d \n",sum);
}
void main()
{
    int sum=0;
    addNumbers();
    printf("主函数中 sum 的值是 %d \n ",sum);
}
```

程序运行结果：

```
请输入两个数: 26 3
子函数中 sum 的值是 29
主函数中 sum 的值是 0
Press any key to continue
```

此示例中定义了一个函数 addNumbers()，它接收用户输入的数，然后求两数之和。为存储相加的结果，声明了一个名为 sum 的局部变量。在 main()函数内也声明了一个名为 sum 的变量并赋初值，然后调用 addNumbers()。从输出结果可以看出，主函数中变量 sum 的值和 main()函数中定义的 sum 是两个不同的变量，它们占用不同的内存空间，所以 addNumbers()函数中变量 sum 的改变并不会影响到 main()函数中的变量 sum。换句话说，只有在 addNumbers()函数内部才能正确地获得其局部变量 sum 的值，在该函数外部则不能得到。

关于局部变量的作用域还要说明以下几点：

（1）主函数中定义的变量也只能在主函数中使用，不能在其他函数中使用。同时，主函数中也不能使用其他函数中定义的变量。因为主函数也是一个函数，它与其他函数是平行关系。这一点是与其他语言不同的，应予以注意。

（2）形参变量是属于被调函数的局部变量，实参变量是属于主调函数的局部变量。

（3）允许在不同的函数中使用相同的变量名，它们代表不同的对象，分配不同的单元，互不干扰，也不会发生混淆。

（4）在复合语句中也可定义变量，其作用域只在复合语句范围内。

例如：

```
void main()
```

```
{
    int s,a;
    …
    {
        int b;
        s=a+b;
        …                          /*b 作用域*/
    }
    …                              /*s,a 作用域*/
}
```

【示例 7.21】局部变量使用示例 2。

```
#include <stdio.h>
void main()
{
    int i=2,j=3,k;
    k=i+j;
    {
      int k=8;
      printf("内层 k 的变量值是: %d\n",k);
    }
    printf("外层 k 的变量值是: %d\n",k);
}
```

程序运行结果：

```
内层k的变量值是: 8
外层k的变量值是: 5
Press any key to continue
```

本程序在 main()中定义了 i、j、k 三个变量，其中 k 未赋初值。而在复合语句内又定义了一个变量 k，并赋初值为 8。应该注意这两个 k 不是同一个变量。在复合语句外由 main()定义的 k 起作用，而在复合语句内则由在复合语句内定义的 k 起作用。因此，程序第 5 行的 k 为 main()所定义，其值应为 5。第 8 行输出 k 值，该行在复合语句内，由复合语句内定义的 k 作用，其初值为 8，故输出值为 8。而第 10 行已在复合语句之外，输出的 k 应为 main 所定义的 k，此 k 值由第 5 行已获得为 5，故输出也为 5。

7.9.2 全局变量

全局变量也称外部变量，它是在函数外部定义的变量。它不属于哪一个函数，而是属于一个源程序文件。其作用域是整个源程序。

例如：

```
#include <stdio.h>
int a,b;              /*外部变量*/
void f1()             /*函数 f1()*/
{
    …
}
float x,y;            /*外部变量*/
int f2()              /*函数 f2()*/
{
```

```
    …
}
void main()            /*主函数*/
{
    …
}
```

从上例可以看出 a、b、x、y 都是在函数外部定义的外部变量，都是全局变量。但 x、y 定义在函数 f1() 之后，而在 f1()内又无对 x、y 的说明，所以它们在 f1()内无效。a、b 定义在源程序最前面，因此在 f1()、f2()及 main()内不加说明也可使用。

【示例 7.22】全局变量使用示例 1。

```
#include <stdio.h>
int sum=0;
void addNumbers()
{
    int num1,num2;
    printf("请输入两个数: ");
    scanf("%d %d",&num1,&num2);
    sum=num1+num2;
    printf("子函数中 sum 的值是 %d \n",sum);
}
void main()
{
    addNumbers();
    printf("主函数中 sum 的值是 %d \n ",sum);
}
```

程序运行结果：

```
请输入两个数: 26 3
子函数中sum 的值是 29
主函数中sum 的值是 29
Press any key to continue_
```

此示例中，与局部变量示例区别是变量 sum 在所有函数外定义，那么它的作用域是整个程序，也就是说在该程序的所有函数中都可以访问该变量 sum，而且 addNumbers()函数和 main()函数中的 sum 值是一样的。

【示例 7.23】全局变量示例 2。输入正方体的长宽高 l、w、h。求体积及三个面 x*y、x*z、y*z 的面积。

```
#include <stdio.h>
int s1,s2,s3;
int vs(int a,int b,int c)
{
    int v;
    v=a*b*c;
    s1=a*b;
    s2=b*c;
    s3=a*c;
    return v;
}
void main()
```

```
{
    int v,l,w,h;
    printf("请输入长、宽和高\n");
    scanf("%d%d%d",&l,&w,&h);
    v=vs(l,w,h);
    printf("\n体积 = %d,第一面积=%d,第二面积=%d,第三面积=%d\n",v,s1,s2,s3);
}
```

程序运行结果：

```
请输入长、宽和高
12 3 5

体积 = 180,第一面积=36,第二面积=15,第三面积=60
Press any key to continue
```

【示例 7.24】外部变量与局部变量同名且同时应用。

```
#include <stdio.h>
int a=3,b=5;                  /*a,b 为全局变量*/
int max(int a,int b)          /*a,b 为局部变量*/
{
    int c;
    c=a>b?a:b;
    return c;
}
void main()
{
    int a=8;
    printf("%d\n",max(a,b));
}
```

程序运行结果：

```
8
Press any key to continue
```

如果同一个源文件中，全局变量与局部变量同名，则在局部变量的作用范围内，全局变量被“屏蔽”，即它不起作用。

7.10　变量的存储类型

上一节从变量的作用域角度把变量分为了全局变量和局部变量。C 语言在定义变量时，程序将为它分配存储空间。变量存储的空间可以是寄存器、内存的静态数据区和动态数据区。根据变量分配的存储空间不同，变量存储方式可分为“静态存储”和“动态存储”两种。静态存储变量通常是在变量定义时就分配存储单元并一直保持不变，直至整个程序结束。之前介绍的全局变量就属于此类存储方式。动态存储变量是程序执行过程中，使用它时才分配存储单元，使用完毕立即释放。常见的函数的形参就是在函数定义时不给形参分配存储单地，只在函数被调用时才予以分配，调用函数完毕立即释放。如果一个函数被多次调用，则反复分配、释放形参变量的存储单元。

从以上分析可知，静态存储变量是一直存在的，而动态存储变量则时而存储时而消失。把这种由于变量存储方式不同而产生的特性称为变量的生存期。生存期表示了变量存储的时间。生存期和作用域是从时间和空间这两个不同的角度来描述变量的特性的，这两者既有联系，又有区别。

当程序中定义了很少使用的大容量变量尤其是大型数组后，只要程序在执行，内存都会一直为该数据对象保留空间，这将会浪费大量内存。因此，需要采取某些途径允许指定数据项的存储方式。一个变量空间属于哪一种存储方式，并不能仅从其作用域来判断，还应有明确的存储类型说明。

在C语言中，对变量的存储类型说明有4种，如表7-2所示。

表7-2 C语言中的存储类型

存储类型	说明	存储方式
auto	自动变量	动态存储
register	寄存器变量	
static	静态变量	静态存储
extern	外部变量	

可见，对一个变量和数组的说明不仅应说明其数据类型，还应说明其存储类型。

例如：

```
statcic int a,b;     说明a,b为静态整型变量
auto char c1,c2      说明c1,c2为自动字符变量
extern int x,y;      说明x,y为外部整型变量
```

7.10.1 auto/register/extern 存储类型

1. auto 存储类型

这种类型是C语言程序中使用最广泛的一种类型。在C语言中规定，函数中未加存储类型说明的变量均默认为自动变量，也就是说自动变量可以省去说明符auto。在前面各章节的程序中所定义的变量凡未加存储类型说明符的都是自动变量。也就是说，局部变量在默认存储类型的情况下归为自动变量。

2. register 存储类型

以前看到的各类变量都存放在内存中，因此当对一个变量频繁读写时，必须要反复访问内存，从而耗费大量的存取时间。为此，C语言中提供了另一种变量，即寄存器变量。这种变量存放在CPU的寄存器中，使用时不需要访问内存，而直接从寄存器中读写，这样可提高效率。声明寄存器变量需要在变量声明语句前加关键字regiser。循环次数较多的循环控制变量及循环体内反复使用的变量均可定义为寄存器变量。注意：并不是所有编译器都支持这种存储类型。如果不支持，那变量就存储在内存中。

【例7.25】使用寄存器变量。

```
#include <stdio.h>
int fac(int n)
{
    register int i,f=1;
    for(i=1;i<=n;i++)
       f=f*i;
    return f;
```

```
}
void main()
{
    int i;
    for(i=0;i<=5;i++)
      printf("%d!=%d\n",i,fac(i));
}
```

程序运行结果：

```
0!=1
1!=1
2!=2
3!=6
4!=24
5!=120
Press any key to continue
```

说明：

（1）只有局部自动变量和形式参数可以作为寄存器变量。

（2）一个计算机系统中的寄存器数目有限，不能定义任意多个寄存器变量。

（3）局部静态变量不能定义为寄存器变量。

3. extern 存储类型

本书中提供的程序都很短，但是实际应用中，程序普遍很长。随着程序量的增加，C 程序允许程序员将大的程序分解两个或多个文件，分别编译它们，然后将它们连接起来。当一个程序被分成几个小程序之后，必须会产生一些问题，如文件间如何共享全局变量等。C 语言规定：一个全局变量只能声明一次，而在多个文件的程序中，会有两个或多个文件都需要访问这个全局变量。因此，在 C 语言中必须提供一种方法通过编译器，该变量是程序的全局变量。extern 存储类型声明正好解决这个问题。

外部存储类型变量的生存期非常长，它在整个程序运行结束后才释放内存。要声明外部存储类型变量，需要在变量声明语句前加关键字 extern。外部变量由于它的作用域大，因此安全性差。因此，在程序中应慎重使用。

【例 7.26】用 extern 声明外部变量，扩展程序文件中的作用域代码段。

在另外一文件中存在 int A=13,B=-8;。

```
int max(int x,int y)
{
    int z;
    z=x>y?x:y;
    return z;
}
void main()
{
    extern A,B;
    printf("%d\n",max(A,B));
}
```

7.10.2 static 存储类型

静态变量在程序执行时存在，并且只要整个程序在运行，就可以继续访问该变量。因此，全局变量属于静态变量。局部变量也可声明为静态变量。通过使用关键字 static 可以声明静态变量。例如：

```
static num;
```

静态局部变量具有如下特点：

（1）静态局部变量在函数内定义，但不像自动变量那样，当调用时就存在，退出函数时就消失。静态局部变量始终存在，也就是说它的生存期为整个源程序。

（2）静态局部变量的生存期虽然为整个源程序，但是其作用域仍与自动变量相同，即只能在定义该变量的函数内使用该变量。退出该函数后，尽管该变量还继续存在，但不能使用它。

（3）对基本类型的静态局部变量若在说明时未赋以初值，则系统自动赋予 0 值。而对于自动变量如果不赋初值，则其值是不定的。

（4）函数被调用时，其中的静态局部变量的值将保留前次被调用的结果。

根据静态局部变量的特点，可以看出它是一种生存期为整个源程序的变量。虽然离开定义它的函数后不能使用，但如再次调用定义它的函数时，它又可以继续使用，而且保存了前次被调用后留下的值。因此，当多次调用一个函数且要求在调用之前保留某些变量的值时，可考虑用静态局部变量。虽然全局变量也可以达到上述目的，但全局变量的作用域为整个程序，所以可以在程序的任何地方修改它，这样有时会造成意外的副作用，因此仍以采用静态局部变量为宜。

对静态局部变量的说明：

（1）静态局部变量属于静态存储类别，在静态存储区内分配存储单元。在程序整个运行期间都不释放。而自动变量（即动态局部变量）属于动态存储类别，占动态存储空间，函数调用结束后即释放。

（2）静态局部变量在编译时赋初值，即只赋初值一次；而对自动变量赋初值是在函数调用时。

【例 7.27】考察静态局部变量的值。

```
#include <stdio.h>
int f(int a)
{
   auto b=0;
   static c=3;
   b=b+1;
   c=c+1;
   return a+b+c;
}
void main()
{
   int a=2,i;
   for(i=0;i<3;i++)
     printf("%d",f(a));
   printf("\n");
}
```

程序运行结果：

```
789
Press any key to continue
```

【例 7.28】打印 1~5 的阶乘值。

```
#include <stdio.h>
int fac(int n)
{
    static int f=1;
    f=f*n;
    return f ;
}
void main()
{
    int i;
    for(i=1;i<=5;i++)
       printf("%d!=%d\n",i,fac(i));
}
```

程序运行结果：

```
1!=1
2!=2
3!=6
4!=24
5!=120
Press any key to continue
```

【例 7.29】考察静态局部变量的用法。

```
#include <stdio.h>
void f()
{
    static int m=0;
    m++;
    if(m%10==0)
        putchar('\n');
    else
        putchar(' ');
}
void main()
{
    auto int i ;
    for(i=0;i<50;i++)
    {
        printf("%d",i);
        f();
    }
}
```

程序运行结果：

```
0 1 2 3 4 5 6 7 8 9
10 11 12 13 14 15 16 17 18 19
20 21 22 23 24 25 26 27 28 29
30 31 32 33 34 35 36 37 38 39
40 41 42 43 44 45 46 47 48 49
Press any key to continue
```

此示例中定义了一个函数 f()用来完成格式输出，它每被调用一次就输出一个空格，每调用到 10 的倍数次时输出一个换行。可见，f()函数中的静态局部变量 m 起到了记录函数被访问次数的功能，这种功能通过自动变量无法完成。假如将变量 m 的声明语句前的 static 关键字去掉，无论调用多少次都不能输出换行。由于m是局部自动变量，每次函数调用建立新m并初始化0，所以无论调用f()函数多少次，m也不可能达到0。

小　结

（1）C语言中程序是由函数组成的。

（2）函数是程序中的一个相对独立的单元或模块，程序在需要时可以任意多次地调用函数来完成特定功能。

（3）使用函数带来的好处是：程序更清晰、易维护、提高代码的重用性。

（4）C语言提供了极为丰富的库函数，这些库函数分门别类地放在不同的头文件中，需要使用这些库函数时，只要在程序前包含相应的头文件即可。

（5）自定义函数就是用户在程序中根据需要而编写的函数。

（6）函数的结构包括：返回值类型、函数名、参数列表、函数体。

（7）函数原型说明以便向编译器指出该函数使用什么样的格式和语法。

（8）函数调用时程序控制流程将转向被调函数，被调函数执行结束时，控制流返回主调函数。

（9）return语句用于向调用函数返回值。

（10）根据变量的作用域可以将变量划分为局部变量和全局变量。

（11）根据变量的存储类型变量划分为静态存储类型（auto、register）和动态存储类型（static、extern）。

作　业

1. 填空题

（1）foor(-88.5)的值为________。

（2）void display(int a,int b){…}的参数个数为________。

（3）对于返回值的函数来说，通常函数体内包含有________语句，用于将返回值带回给调用函数。

（4）C语言规定，简单变量做实参时，它和对应的形参之间的数据传递方式是________。

（5）从函数定义的角度看，函数可分为________和________两种。

（6）调用带参数的函数时，实参列表中的实参必须与函数定义时的形参________相同和________相同。

（7）C语言中，函数不允许嵌套________，但允许嵌套________。

2. 编程题

（1）编写三个函数，分别用于：将英尺转换为英寸、将英寸转换为厘米、将厘米转换为米。编写一个程序，通过函数调用测试这三个函数的正确性。

提示：1英尺 =12英寸， 1英寸 =2.54 厘米，100厘米 =1米。

（2）编写程实现输入一个整数，输出此数是否素数，要求自定义函数来实现。

（3）编写一个递归函数，求 Fibonacci 数列的前 40 项。

提示：Fibonacci 的数列生成方法为：$F_1 = 1$，$F_2 = 1$，$F_n = F_{n-1} + F_{n-2}$（$n \geqslant 3$），即从第 3 个数开始，每个数等于前 2 个数之和。

（4）编写一个函数，输入一个 4 位数字，要求输出这 4 个数字字符，但每两个数字间空一个格，如输入 1980，应输出“1 9 8 0”。

第8章　指　针

学习目标：

- 理解指针的概念。
- 掌握如何定义指针变量。
- 熟练掌握对指针的操作。
- 理解指针、数组和字符串之间的关系。
- 掌握如何用指针给函数传递参数。

完成任务：

继续扩展学生成绩管理系统，使用指针实现某门课程成绩的输入/输出，并能查找该课程的最高分和最低分，然后进行升序排序。

8.1　地址和指针的概念

C语言拥有在运行时获得变量的地址和操纵地址的能力，在C语言中，有必要理解它们是如何工作的。在运行程序时，所有的数据都存放在计算机内存中，程序中的每个变量实质上是代表了“内存中的某个存储单元”。那么，C程序是怎样存取这个存储单元的内容的呢？

众所周知，以字节为单位的一片连续的存储空间构成了计算机的内存，为了正确访问每个内存单元，计算机为每个内存单元编上号码，根据编号找到它，这个编号叫地址，内存单元中存放的数据叫内容。比如，你到旅馆找客人，总是先在服务台找他住的房间号码，然后再到房间访问他，房间号码即房间的地址，旅客就是房间的内容。

计算机在内存中存取数据时，首先根据数据的类型，为数据分配存储空间，即分配从某个“地址”开始的一定长度的内存空间（一定字节数）。每个数据的地址是指该数据所占存储单元的第一个字节的地址。当需要读取该数据时，则根据其与地址的对应关系，直接从“地址”取出该数据；当需要重新写入数据时，也根据该对应关系，直接找到该“地址”将输入写入。

在C程序中访问变量的方式有两种：直接存取方式、间接存取方式。

（1）直接存取方式（也称为直接访问）。

例如，以下代码：

```
int a;              //定义整型变量，编译时分配4个字节的存储单元，如图 8-1 所示
a=3;                //将整型数据3存入a所占内存单元中
printf("%d",a);  //根据变量a的地址输出变量值3
```

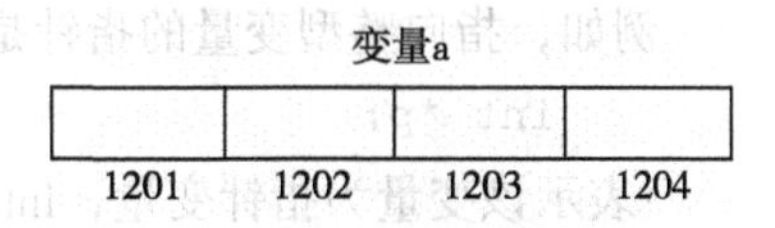

图 8-1　变量在内存中所占字节的地址示意图

图 8-1 中，1201 即为变量 a 的存储地址，但一般情况下，在程序中只需指出变量名，无须知道每个变量在内存中的具体地址，每个变量与具体地址的联系由 C 编译系统来完成。程序中对变量进行存取操作，实际上也就是对某个地址的存储单元进行操作。这种直接按变量的地址存取变量值的方式称为直接存取方式。

（2）间接存取方式（也称为间接访问）。

在 C 语言中，假设定义了一个变量 p，p 的值为整型变量 a 的地址（1000），如图 8-2 所示。若想引用 a 的值，先找到“存放 a 地址”的变量 p，从中取出 a 的地址（1000），然后再去访问以 1000 为首地址的存储单元，取出 a 的值。这种通过变量 p 间接得到变量 a 的地址，然后再取变量 a 的值的方式称为“间接存取”方式。上述变量 p 就是指针变量。

也就是说，指针是一个变量，它的值是另一个变量的地址，也可以说指针是一种用于存储“另一个变量地址”的变量。

在上述情况下，通常称指针变量 p 指向了变量 a，变量 a 是指针变量 p 所指的对象，它们之间的关系可用图 8-2（b）表示。这种“指向”关系是通过地址建立的。图中的“→”只是一种示意，形似“指针”。“指针变量 p 指向了变量 a”的含义就是指针变量 p 中存放了变量 a 的地址。

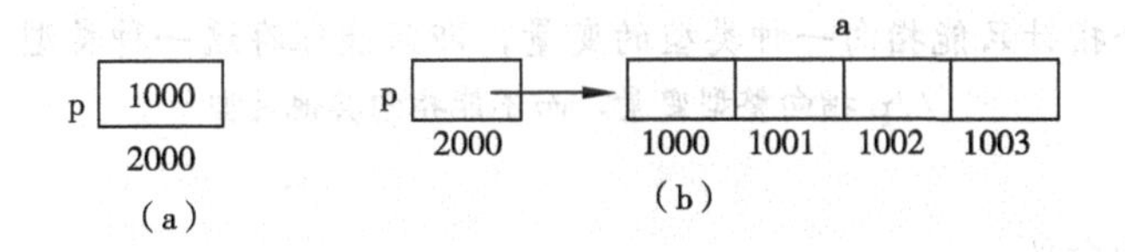

图 8-2　存放地址的指针变量示意图

举个例子，有一间房子，它的地址是上海路 108 号，这个房子相当于一个变量，那么，若它是普通变量，则房子里住的可能是张刚或者李丽，张刚、李丽是这个变量的值，通过访问房子，可以直接找到张刚或者李丽；但是若它是一个指针变量，则房子里不住具体的人，而是放着一张纸条，上面写“南京路 77 号”，“南京路 77 号”就是一个地址，通过该地址继续找，在“南京路 11 号”才可以找到张刚或者李丽。

普通变量的值是可变的，指针变量的值同样可变。例如，过一天再去访问房子，纸条变成“松江路 52 号”，那么在“松江路 52 号”可以找到另一个人。

在 Visual C++ 6.0 中，不同类型的变量占用不同大小的存储空间，例如 short 型数据占 2 字节、int 型数据和 float 型数据占 4 字节、double 型数据占 8 字节、char 型数据占 1 字节。而指针也是有大小的，指针存放的是地址，而不是变量本身，不管指向什么类型的变量，它的大小总是固定的，均是 4 个字节。

8.2　指针的定义和使用

8.2.1　指针变量的定义

定义指针变量的一般形式如下：

```
数据类型  *指针变量名 1;
```

例如，指向整型变量的指针是包含该整型数据地址的变量：

```
int *p;
```

*表示该变量为指针变量，int 表示该指针的类型是整型，p 是指针变量的名字。

又如，指向字符变量的指针是包含字符地址的变量：

```
char *cp;
```

char 表示该指针的类型是字符型，cp 是指针变量的名字。

上面 p 和 cp 两个指针定义都分配了空间，但是都没有指向任何内容。正如整型或浮点变量没有给它赋值一样，指针也没有被赋值。

定以名为 ptr 的整型指针可以写成：

```
int*   ptr;     //*靠左
int   *ptr;     //*靠右
int  *  ptr;    //*两边都不靠
```

它们表示同一个意思。在指针定义中，一个*只能表示一个指针。定义语句：

```
int *ptr1,ptr2;
```

表示定义一个名为 ptr1 的指针变量和一个名为 ptr2 的整型变量。如果要定义两个指针变量，须写为：

```
int *ptr1,*ptr2;
```

注意：任何一个指针只能指向一种类型的变量，即只能保存这一种类型变量的地址，如：

```
int *p;          //p指向整型变量，而不能指向其他类型
```

现场练习 1：

说出下列语句的含义：

（1）`int *p1;`

（2）`char *p2;`

（3）`int *p,*q;`

（4）`char *c1,*c2;`

（5）`float *f,a;`

（6）`char ch,*c;`

（7）`double  d1,*pd,d2;`

8.2.2 指针变量的赋值

变量存在于内存中的某位置（地址）。例如，一旦有了变量，则放置该变量的地方就用内存地址描述，这是就需要建立指针。

建立指针包括定义指针和给指针赋值。以上给出了指针变量的定义，下面介绍指针变量的赋值。

1. 给指针变量赋地址值

一个指针变量可以通过不同的方式获得一个确定的地址值，从而指向一个具体的对象。

（1）通过地址运算符（&）获得地址值。一般形式：

```
指针变量=&变量;
```

用 & 操作符可以获取变量的地址，指针变量用于存放地址。

例如，定义整型指针 p，定义整型变量 a，把变量 a 的地址赋给指针 p：

```
int *p,*q;
int a=15;
p=&a;       //将地址付给存放地址的变量（指针）
```

图 8-3 形象地表示了 p 和 a 的关系。

这时可以说：p 指向了变量 a。取地址运算符&只能应用于变量和数组元素，不可用于表达式、常量或者被说明为 regiser 的变量。因此表达式 q=&(a+1)是错误的。另外，&必须放在运算对象的左边，而且运算对象的类型必须与指针变量的类型相同。

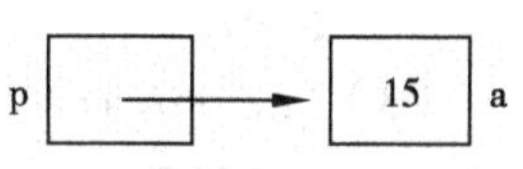

图 8-3 指针变量 p 与变量 a 的关系示意图

在调用 scanf()函数时，输入各变量之前都必须加符号&，这就是求地址运算。scanf()函数把从终端读入的数据依次放入这些地址所代表的存储单元中，也就是说，scanf()函数要求输入项是地址值。因此当有语句：p=&a;时，scanf("%d",&a);和 scanf("%d",p);是等价的。

（2）通过指针变量获得地址值。可以通过赋值运算，把一个指针变量中的地址赋给另一个指针变量，从而使这两个指针指向同一地址。例如，若有以上定义，则语句：

```
q=p;
```

使指针变量 q 中存放了变量 a 的地址，也就是说指针变量 p 和 q 都指向了变量 a，如图 8-4 所示。注意：当进行赋值运算时，赋值号两边指针变量的类型必须相同。

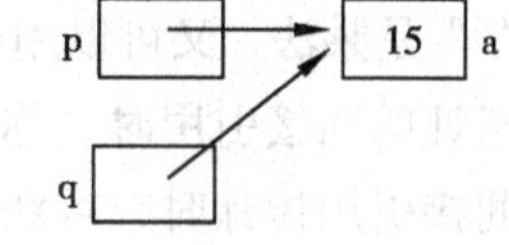

图 8-4 指针变量 p、q 和 a 的关系

（3）通过标准函数获得地址值。可以通过调用库函数 malloc()和 calloc()在内存中开辟动态存储单元，并把所开辟的动态存储单元的地址赋给指针变量。有关这方面的内容将在第 9 章介绍。

2. 给指针变量赋“空”值

除了给指针变量赋地址值外，还可以给指针变量赋 NULL 值。例如：

```
p=NULL;
```

NULL 是在 stdio.h 头文件中定义的预定义符号常量，应该在程序的前面出现预定义行#include <stdio.h>。在 Visual C++ 6.0 中，NULL 的代码值为 0，当执行了以上的赋值语句后，称 p 为空指针。以上语句等价于：p=0;或者 p='\0';。

这时，指针 p 并不是指向地址为 0 的存储单元，而是具有一个确定的值——“空”。企图通过一个空指针去访问一个存储单元时，将会得到一个出错信息。

3. 指针的初始化

普通变量在定义时可以初始化，指针变量也可在定义时初始化。指针变量初始化时的值是该指针类型的地址值。一般形式：

```
数据类型  指针变量=&变量;
```

例如：

```
int a=15;
int *p=&a;          //定义整型指针 p 的同时对其进行初始化，存放变量 a 的地址
```

现场练习 2：

判断下列语句的对错并说明原因：

（1）
```
float a=1.5;
int *p;
p=&a;
```
（2）
```
int *p,a=3;
p=a;
```
（3）
```
int *p,a;
p=1000;
a=p;
```
（4）
```
char c='a',*c1,*c2;
c1=&c;
c2=c1;
```
（5）
```
double a=1.5,*q=&a;
int *p=q;
```

8.2.3 指针变量的引用

“*”是乘法，又可以用于定义指针，在这里也可用于指针的间接引用（*的第三个用途）。“*”用于指针的间接引用时，称为“间接访问运算符”，也称取“内容运算符”。

间接引用指针时，可获得由该指针指向的变量内容。

引用指针变量得到它所指向变量的值的一般形式：

```
* 指针变量名;
```

假定有以下定义和语句：

```
int *p,i=5,j;
p=&i;
```

则以下赋值语句：

```
j=*p;     //引用指针变量
```

是把 p 所指存储单元（i）的内容（整数 5）赋予变量 j，这里 *p 代表 p 所指的变量 i。以上语句等价于：

```
j=i;
```

间接访问运算符是一个单元运算符，必须出现在运算对象的左边，其运算对象或者是存放地址的指针变量，或者是地址。例如：

```
j=*(&i);
```

表达式&i 求出变量 i 的地址，以上赋值语句表示取地址&i 中的内容赋予 j。由于运算符*和&的优先级相同，且自右向左结合，因此表达式中的括号可以省略，即可写成：

```
j=*&i;
```

同样，&*p 是先进行*p 得到 i，再对 i 进行&运算，即 &*p 等价于&i。

假定有以下定义语句：

```
int *p,k=0;
p=&k;
```

则以下语句将把整数 100 存放在变量 k 中：

```
*p=100;      //等价于 k=100;
```

此后若有语句：

```
*p=*p+1;
```

则取指针变量p所指存储单元中的值，加1后再放入p所指的存储单元中，即使得变量k中的值增1而为101。显然，当*p出现在赋值好的左边时，代表的是指针所指的存储单元；当*p出现在赋值号右边时，代表的是指针所指的存储单元的内容。

以上语句可写成：

```
*p+=1;    //或    ++*p;    或    (*p)++;
```

注意：在表达式++*p中，++和*两个运算符的优先级别相同，但按自右至左的方向结合，因此，++*p相当于++(*p)。而在表达式(*p)++中，一对括号不可少，(*p)++表示先取p所指存储单元中的值，然后增1作为表达式的值。不可以写成*p++，否则将先计算*p作为表达式的值，然后使指针变量p本身增1，所以*p++并不使p所指存储单元中的值增1而是移动了指针。

指针在使用前，一定要进行初始化。例如，下面的代码是危险的：

```
int a;
int *p;
*p=26;        // !
```

指针忘了赋值比整型变量忘了赋值危险得多。

p当前指向什么地方？该代码通过编译，但没有赋初值的指针p是一个随机地址。“*p=26;”是把26赋到内存中的随机位置，因此很可能已经破坏了另一个变量，甚至修改了栈中的函数返回地址，导致计算机死机或进入死循环。

*操作符在指针上的两种用途要区分开：定义或声明时，是建立一个指针；执行时，为间接引用一指针。

例如，如下代码：

```
int a=15;
int *p=&a;               //正确，初始化为整型数据地址
*p=&a;                   //错误
```

注意：不要将“int *p=&a;”与“*p=&a;”混淆，前者*是指针定义符，C编译系统为指针变量p分配一个指针空间，并用a的地址值初始化，后者是执行语句，左边为引用指针p获得由p指向的变量a，右边是获得变量a的地址，左右两边类型不匹配。

【示例8.1】 间接引用指针p，输出a的内容。

```
#include <stdio.h>
void main()
{
    int a,*p;                  //定义整型变量a和整型指针p
    a=3;
    p=&a;                      //指针p指向变量a
    printf("a=%d\n",a);        //直接访问变量的值
    printf("a=%d\n",*p);       //间接访问变量的值
}
```

程序运行结果：

```
a=3
a=3
Press any key to continue
```

现场练习3：

读出下列程序段的运行结果：

（1）
```
int k=100;
int *p=&k;
int m=*p;
printf("%d",m);
```
（2）
```
int k=100;
printf("%d",*&k);
```
（3）
```
int k=100;
int *p=&k;
*p=-100;
printf("%d",k);
```

【示例8.2】交换两个指针变量所指向的变量的值。

```
#include <stdio.h>
void main()
{
    int a=10,b=20,t;
    int *p=&a,*q=&b;                /*p 指向变量 a ，q 指向变量 b*/
    printf("交换之前：\n");
    printf("\ta=%d , b=%d\n",a,b);
    printf("\t*p=%d, *q=%d\n",*p,*q);
    t=*p;                           /*交换指针 p 和 q 所指变量的值*/
    *p=*q;
    *q=t;
    printf("交换之后：\n");
    printf("\ta=%d , b=%d\n",a,b);
    printf("\t*p=%d, *q=%d\n",*p,*q);
}
```

程序运行结果：

```
交换之前:
        a=10 , b=20
        *p=10, *q=20
交换之后:
        a=20 , b=10
        *p=20, *q=10
Press any key to continue
```

现场练习4：

读出下列程序的运行结果：

```
#include <stdio.h>
void main()
{
    int *p,*q,a=10,b=20;
    p=&a;
    q=&b;
    printf("%d,%d\n",*p,*q);
    q=p;
    printf("%d,%d\n",*p,*q);
}
```

【示例 8.3】交换两个指针变量的指向。

```
#include <stdio.h>
void main()
{
    int *p1,*p2,*p,a=10,b=20;
    printf("a=%d,b=%d\n\n",a,b);
    p1=&a;                    /*指针 p1 指向变量 a*/
    p2=&b;                    /*指针 p2 指向变量 b*/
    printf("交换指针指向之前: \n");
    printf("*p1=%d,*p2=%d\n\n",*p1,*p2);
    p=p1;                     /*交换指针 p1 和 p2 的指向*/
    p1=p2;
    p2=p;
    printf("交换指针指向之后: \n");
    printf("*p1=%d,*p2=%d\n\n",*p1,*p2);
}
```

程序运行结果：

```
a=10,b=20

交换指针指向之前:
*p1=10,*p2=20

交换指针指向之后:
*p1=20,*p2=10

Press any key to continue
```

8.2.4　指针变量的运算

指针是一个内存地址，实际上该值是一个无符号的整数。指针可以进行加法和减法运算，但不允许乘法、除法和两个指针值的相加。

1．指针的加法

指针的加法是指对指针变量加上一个整数，指针加法的单位是指针对应类型的字节数。

所以：对浮点型指针加 1 实际加 4；对整型指针加 5 实际加 20；对字符型指针加 7 实际上加 7；对双精度型指针加 2 实际加 16。

【示例 8.4】指针加法的示例。

```
#include <stdio.h>
void main()
{
    float f,*pf =&f;
    int i,*pn=&i;
    char c,*pc=&c;
    printf("pf=%X, pn=%X, pc=%X",pf,pn,pc);
    pf=pf+2;        //单精度实型加 2，实际加 8
    pn++;           //整型指针加 1，实际加 4
    pc+=3;          //字符型指针加 3
    printf("\npf=%X, pn=%X, pc=%X\n",pf,pn,pc);
}
```

程序运行结果：

```
pf=12FF7C, pn=12FF74, pc=12FF6C
pf=12FF84, pn=12FF78, pc=12FF6F
Press any key to continue
```

通过输出的指针值可以看到,指针变量 pf 加 2 以后,其值不是变为 12FF7E,而是变为 12FF84,偏移量为 12FF84-12FF7C = 8 个字节。这是因为，指针加 1 不是意味着指针值加 1，而是意味着指针指向下一个内存单元。指针变量 pf 指向 float 型变量，float 变量占用 4 个字节，因此 pf+2 的内存地址为：pf 的内存地址 + 2*sizeof(float)= 12FF7C + 2*4= 12FF84。

同理，pn 指向 int 型的变量，pn++执行后 pn 的内存地址为：12FF74+1*sizeof(int)= 12FF78; pc 指向 char 型变量，pc+3 的内存地址为：12FF6C+3*sizeof(char)=12FF6F。

指针加法的一般计算公式是：如果指针变量的定义为 datatype *p; p 初始地址值为 DS,那么 p+n= DS + n*sizeof(datatype)。

2. 指针的减法

指针减法的计算方法和上述的加法规则类似，一般计算公式为：如果指针变量的定义为 datatype *p;，p 初始地址值为 DS，那么 p – n = DS – n*sizeof(datatype)。

3. 指针的比较

在关系表达式中可以对两个指针进行比较。例如，p 和 q 是两个指针变量，以下语句是完全正确的：

```
if(p<q)    printf("p points to lower memory than q.\n");
if(p=='\0')   printf("p points to Null.\n");
```

通常两个或多个指针指向同一目标（如一串连续的存储单元）时比较才有意义。

【示例 8.5】两个指针之间的差及大小比较。

```
#include <stdio.h>
void main()
{
    int a=10,b=20,*p=&a,*q=&b;
    printf("%d,%d\n",p-q,q-p);    // 指针p,q所指变量相隔内存单元个数
    printf("%d,%d\n",p<q,p>q);    // 指针p,q所指变量在内存中的前后位置
}
```

程序运行结果：（不同环境下内存地址值可能有所不同）

```
1,-1
0,1
Press any key to continue
```

8.3 数组与指针

变量的指针是通过取变量的地址而指向变量的，数组是多个同类型变量的集合，每个数组元素在内存中都有相应的存储地址。因此，指针可以指向变量，也可以指向数组中任何一个元素。数组的指针是指取数组的地址或数组元素的地址。

8.3.1 一维数组和指针

1. 指向一维数组元素的指针

前面的章节中曾经讲过，数组相当于一个下标变量。因此，&操作符和*操作符同样适用于数组的元素。下面的代码利用指针变量存取数组的一个元素：

```
int a[3]={1,2,3},*p;
p=&a[0];
printf("*p=%d", *p);
```

输出结果为：*p=1。其中，通过赋值运算将 a[0]元素地址赋值给指针变量 p，即 p 指向数组中下标为 0 的元素 a[0]。因此用*操作符取其对应的内存内容时，得到整数 1。

C 语言中，数组名是数组第一个元素的地址，也就是数组所占一串连续存储单元的起始地址，以上代码中的 p=&a[0]; 等价于 p=a;，如图 8-5 所示。

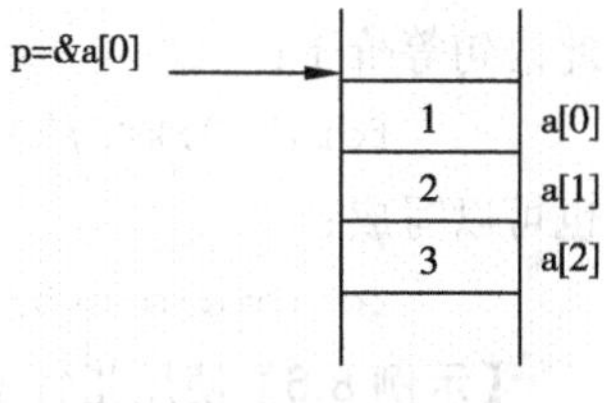

p=&a[0] → | 1 | a[0] | 2 | a[1] | 3 | a[2]

图 8-5　指向数组的指针

2．指针引用一维数组元素

数组中元素连续存放，数组元素内存地址的偏移量一定是相同的，相邻元素间地址的差值就是数组元素占用的字节数。当某个指针指向数组中某个元素时，利用该指针不仅可访问该元素，还可以访问数组中其他元素。

（1）通过数组的首地址引用一维数组元素。C 语言中，数组名可以认为是一个存放地址值的指针变量名，存放的是数组的首地址。例如：

```
float a[5];
```

a 是数组 a 中数组元素的首地址，a（即 a+0）的值即等于&a[0]，则 a+1 的值等于&a[1]，a+2 的值等于&a[2]，……，a+4 的值等于&a[4]。

可以通过间接访问运算符“*”来引用地址所在的存储单元，因此对于数组元素 a[0]，可以用表达式 *&a[0] 来引用，也可以用 *(a+0) 来引用；而对于数组元素 a[1]，可以用表达式 *&a[1] 来引用，也可以用 *(a+1) 来引用，因为 a+1 即是 a[1]的地址；……；对于数组元素 a[4]，可以用表达式 *&a[4] 来引用，也可以用 *(a+4) 来引用。因此，可以通过以下语句逐个输出 a 数组元素中的值：

```
for( k=0;k<5;k++)  printf("%4d",*(a+k));
```

此语句等价于：

```
for( k=0;k<5;k++)  printf("%4d",a[k]);
```

（2）通过指针引用一维数组元素。若有定义：

```
float a[5],*p,k ;
```

并执行语句 p=a; 后，p 指向了数组 a 的首地址，因此，也可以使用间接访问运算符“*”，通过指针变量 p 来引用数组 a 中的元素。对于数组元素 a[0]，可以用表达式 *(p+0) 来引用；而对于数组元素 a[1]，可以用表达式 *(p+1) 来引用，因为 p+1 即是 a[1]的地址，*(p+1) 就代表存储单元 a[1]（注意：一对圆括号不可少）；……；对于数组元素 a[4]，可以用表达式*(p+4) 来引用。因此当指针变量 p 指向数组 a 的首地址时，可以通过以下语句逐个输出 a 数组元素中的值：

```
for(k=0;k<5;k++)  printf("%4d",*(p+k));
```

这里没有移动指针，此语句等价于：

```
for(k=0;k<5;k++)  printf("%4d",a[k]);
```

当然，指针变量 p 是可以移动的，因此可以用以下方式逐步移动指针来引用数组 a 中的每个元素，逐个输出数组 a 中的元素值：

```
    for(k=0;k<5;k++)
    {
        printf("%4d",*p);
        p++;
    }
```

此语句等价于：

```
    for(k=0;k<5;k++)      printf("%4d",*p++);
```

也可以写成：

```
    for(p=a;p-a<5;p++)      printf("%4d",*p);
```

【示例 8.6】使用指针变量输入/输出数组中的元素。

```
#include <stdio.h>
void main()
{
    int i,a[5],*p;
    p=a;
    for(i=0;i<5;i++)
    {
        printf("请输入第%d 个元素: ",i+1);
        scanf("%d",p++);
    }
    p=a;
    printf("数组中元素有: \n");
    for(i=0;i<5;i++,p++)
        printf("%d ",*p);
    printf("\n");
}
```

程序运行结果：（不同环境下内存地址值可能有所不同）

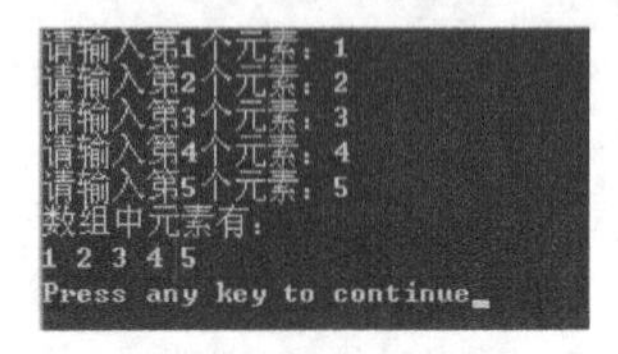

（3）用带下标的指针变量引用一维数组元素。若有以下语句：

```
    float  *p,a[10],i;
    p=a;
```

且 0<=i<10，可以用&a[i]、a+i 和 p+i 来表示 a[i]的地址，也可以用 a[i]、*(a+i)和*(p+i)来表示数组元素 a[i]。很明显，a[i]可以用表达式*(a+i)来表示，同理，*(p+i)也可以用 p[i]来表示。

C 语言中，当 p 指向数组 a 的首地址时，引用数组元素 a[i]的表达式有：

下标法：a[i]

指针法：*(a+i) 、*(p+i) 、p[i]

共 4 种形式。但在这里，a 和 p 有着明显的区别，数组名 a 是一个指针常量，是不可变的，而 p 中的地址值却是可变的。所以，a++、a=p 都是不合法的，而 p++、p=a、p=&a[i]都是合法的表达式。因此，若有 p=a+3，这时 p 中存放的是数组元素 a[3]的地址，p 指向 a[3]，p[0]代表的是 a[3]。图 8-6 显示了引用数组元素时数组元素和内存地址的对应关系。

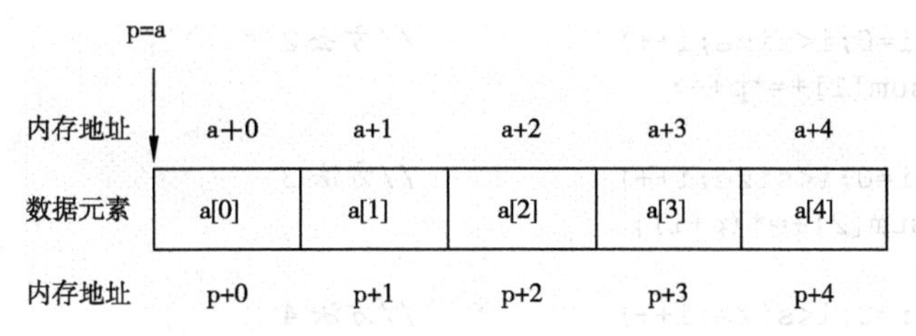

图 8-6 指针引用数组示意图

【示例 8.7】使用不同的引用方式输出数组中的元素值。

```
#include <stdio.h>
void main()
{
    int i,a[5]={1,2,3,4,5},*p;
    for(i=0;i<5;i++)
        printf("%d ",a[i]);          //方式 1: 下标法
    printf("\n");

    for(i=0;i<5;i++)
        printf("%d ",*(a+i));        //方式 2: 用数组名引用数组元素
    printf("\n");

    p=a;                             //方式 3: 用指针变量引用数组元素
    for(i=0;i<5;i++)
        printf("%d ",*(p+i));
    printf("\n");

    for(p=a;p<(a+5);p++)             //方式 4: 移动指针，使指针变量直接指向数组元素
        printf("%d ",*p);
    printf("\n");
}
```

程序运行结果：（不同环境下内存地址值可能有所不同）

```
1 2 3 4 5
1 2 3 4 5
1 2 3 4 5
1 2 3 4 5
Press any key to continue
```

现场练习 5:

读出下列程序的运行结果：

```
#include <stdio.h>
int sum[5];
int a[]={1,4,2,7,13,32,21,48,16,30},*p;
void main()
{
    int size,i;
    size=sizeof(a)/sizeof(*a);       //计算元素个数

    for(i=0;i<size;i++)              //方法 1
        sum[0]+=a[i];
    p=a;
```

```
    for(i=0;i<size;i++)                 //方法 2
       sum[1]+=*p++;
    p=a;
    for(i=0;i<size;i++)                 //方法 3
       sum[2]+=*(p+i);
    p=a;
    for(i=0;i<size;i++)                 //方法 4
       sum[3]+=p[i];
    for(i=0;i<size;i++)                 //方法 5
       sum[4]+=*(a+i);
    for(i=0;i<5;i++)
       printf("%d\n",sum[i]);
}
```

8.3.2 二维数组和指针

1. 二维数组的地址

二维数组可以看作一维数组的延伸，二维数组的内存单元也是连续的内存单元。换句话说，C 语言实际上是把二维数组当成一维数组来处理的。假设有以下定义语句：

```
int *p,a[3][4];
```

以上语句中定义的二维数组 a 可以看成一个一维数组 a[3]，它包含 3 个元素（3 行）：a[0]、a[1]、a[2]，而 a[0]、a[1]、a[2]每个元素又是由 4 个整型元素组成的一维数组。例如，a[0]又是一个包含 a[0][0]、a[0][1]、a[0][2]和 a[0][3]共 4 个元素的数组。

假设数组 a 的起始地址为 FF10，则对应的内存情况如图 8-7 所示。

可以看到，二维数组 a[3][4]的 12 个元素在内存中是顺序排列的，因此&a[0][0]是数组第一个元素的地址，为 FF10。a[0][0]，a[0][1]这些数组元素都有具体的内存单元值。但是，a[0]、a[1]和 a[2]这三个数组元素不占用内存单元，它们只是代号（其实就是一个指针常量），是虚拟的东西。a[0]本身又是一个数组，包含 a[0][0]、a[0][1]、a[0][2]和 a[0][3]，那么 a[0]作为数组名称，按照 C 语言的语法，a[0]就是数组首地址，也就是数组第一个元素的地址，即 a[0][0]的地址 FF10。同理，a[1]是元素 a[1][0]的地址，即 FF20；a[2]是元素 a[2][0]的地址，即 FF30。

相对于 a[0]、a[1]和 a[2]来说，数组名 a 是一个存放地址常量的指针，其值为二维数组中第一个元素的地址，即 FF10。a 是指向数组首地址的指针，a+1 代表什么？a 是数组名称，a[0]、a[1]和 a[2]是元素，那么 a+1 就是&a[1]（如果一个一维数组 int b[3]，那么 b+1 是不是&b[1]？），即第二行元素的首地址，指针值为 FF20。同理，a+2 就是&a[2]，指针值为 FF30。在表达式 a+1 中，数值 1 的单位应当是 4*4 个字节，而不是 4 个字节。

也可以换个角度去理解。数组名 a 可以理解为一个行指针，指向二维数组第一行的首地址；计算 a+1 时，指针 a 跳过的是整个 a[0]，a+1 指向二维数组第二行的首地址。指针 a 在做加法时，跳过的是一行元素。

a[1]+1 代表什么？指针 a[1]是一维数组 a[1]中第一个元素 a[1][0]的地址 FF20。对于一维数组 a[1]来说，指针 a[1]+1 指向了 a[1]中第二个元素 a[1][1]的地址，即 FF24。这里指针加法的单位是一列，每次跳过 a[1]中的一个数组元素。

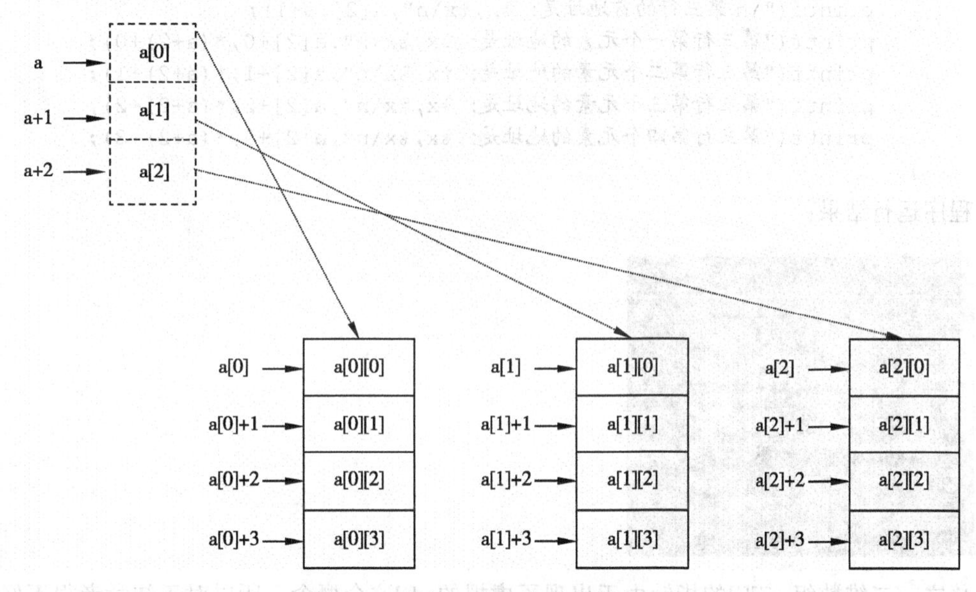

图 8-7　数组 a 对应的内存情况

*a 代表什么？*a 也就是*(a+0)，数组第一个元素的值，即 a[0]。前面讲过，a[0]是一个代号，它不是一个具体元素的值，而是内嵌的一维数组 a[0]的名字，a[0]本身也是一个指针值。同理，*(a+1)就是 a[1]，*(a+2)就是 a[2]。

特别需要指出的是，a[i]不是一个具体的数组元素，它是一个代号，实际上是一个指针值，代表 i+1 行里中第一个元素的首地址。因此，&a[i]不能直接理解为 a[i]的物理地址，a[i]不是变量，不存在物理地址；&a[i]代表第 i+1 行的行指针值，和 a+i 等价。

在以上的定义中，指针变量 p 的类型与 a[i]（0≤i<3）相同，因此赋值语句 p=a[i];是合法的。但是赋值语句 p=a;是不合法的，因为 a 与 a[0]的值虽然相同，但表示的意义却是截然不同的。

【示例 8.8】使用不同的方式输出数组中的元素的地址。

```
#include <stdio.h>
void main()
{
    int a[3][4]={1,2,3,4,5,6,7,8,9,10,11,12};
    int *p=a[0];
    printf("数组的首地址是: %x\n",a);
    printf("\n 第一行的首地址是: %x,%x\n",a[0],a+0);
```

```
        printf("第一行第一个元素的地址是: %x,%x\n",a[0]+0,*(a+0)+0);
        printf("第一行第二个元素的地址是: %x,%x\n",a[0]+1,*(a+0)+1);
        printf("第一行第三个元素的地址是: %x,%x\n",a[0]+2,*(a+0)+2);
        printf("第一行第四个元素的地址是: %x,%x\n",a[0]+3,*(a+0)+3);

        printf("\n 第二行的首地址是: %x,%x\n",a[1],a+1);
        printf("第二行第一个元素的地址是: %x,%x\n",a[1]+0,*(a+1)+0);
        printf("第二行第二个元素的地址是: %x,%x\n",a[1]+1,*(a+1)+1);
        printf("第二行第三个元素的地址是: %x,%x\n",a[1]+2,*(a+1)+2);
        printf("第二行第四个元素的地址是: %x,%x\n",a[1]+3,*(a+1)+3);

        printf("\n 第三行的首地址是: %x,%x\n",a[2],a+1);
        printf("第三行第一个元素的地址是: %x,%x\n",a[2]+0,*(a+2)+0);
        printf("第三行第二个元素的地址是: %x,%x\n",a[2]+1,*(a+2)+1);
        printf("第三行第三个元素的地址是: %x,%x\n",a[2]+2,*(a+2)+2);
        printf("第三行第四个元素的地址是: %x,%x\n",a[2]+3,*(a+2)+3);
    }
```

程序运行结果：

```
数组的首地址是：12ff50

第一行的首地址是：12ff50,12ff50
第一行第一个元素的地址是：12ff50,12ff50
第一行第二个元素的地址是：12ff54,12ff54
第一行第三个元素的地址是：12ff58,12ff58
第一行第四个元素的地址是：12ff5c,12ff5c

第二行的首地址是：12ff60,12ff60
第二行第一个元素的地址是：12ff60,12ff60
第二行第二个元素的地址是：12ff64,12ff64
第二行第三个元素的地址是：12ff68,12ff68
第二行第四个元素的地址是：12ff6c,12ff6c

第三行的首地址是：12ff70,12ff60
第三行第一个元素的地址是：12ff70,12ff70
第三行第二个元素的地址是：12ff74,12ff74
第三行第三个元素的地址是：12ff78,12ff78
第三行第四个元素的地址是：12ff7c,12ff7c
Press any key to continue
```

总之，二维数组 a[i][j]的指针由于出现了虚拟的 a[i]这个概念，所以对于初学者很不好理解，请读者仔细消化理解。若 0≤i<3、0≤j<4，则 a[i][j]的地址可用以下 5 种表达式求得：

（1）`&a[i][j]`

（2）`a[i]+j`

（3）`*(a+i)+j`

（4）`&a[0][0]+4*i+j        /*在 i 行前尚有 4*i 个元素存在*/`

（5）`a[0]+4*i+j`

2．指针引用二维数组元素

（1）通过地址引用二维数组元素。仍假设有以下定义：

int a[3][4]，i，j；且 0≤i<3、0≤j<4，则数组元素可以用以下 5 种表达式来引用：

① `a[i][j]`

② `*(a[i]+j)`

③ `*(*(a+i)+j)`

④ `(*(a+i))[j]`

⑤ `*(&a[0][0]+4*i+j)`

在表达式②中，因为 a[i]的类型为 int，所以 j 的位移量为 4*j 字节。

在表达式③中，因为 a 的类型为 4 个元素的数组，所以 i 的位移量为 4*4*i 个字节，而*(a+i)的类型为 int，所以 j 的位移量仍为 4*j 字节。

在表达式④中，*(a+i)外的一对圆括号不可少，不能写成：*(a+i)[j]，因为运算符[ ]的优先级高于*号。

在⑤中，&a[0][0]+4*i+j 代表了数组元素 a[i][j]的地址，通过间址运算符*号，表达式*(&a[0][0]+4*i+j)代表了数组元素 a[i][j]的存储单元。

【示例 8.9】使用不同的方式输出数组中 a[i][j]的值。

```
#include <stdio.h>
void main()
{
    float a[2][3]={1,2,3,4,5,6},*p;
    int i,j;
    printf("Please input i =");
    scanf("%d", &i);
    printf("Please input j =");
    scanf("%d", &j);
    p=a[0];                    //指针变量 p 指向数组第一行第一个元素
    printf("\na[%d][%d]=%f \n",i,j,*(a[i]+j));   //使用地址引用二维数组元素
    printf("\na[%d][%d]=%f \n",i,j,*(*(a+i)+j));
    printf("\na[%d][%d]=%f \n",i,j,(*(a+i))[j]);
    printf("\na[%d][%d]=%f \n",i,j,*(&p[0]+3*i+j)); //使用指针引用二维数组元素
    printf("\na[%d][%d]=%f \n",i,j,*(p+i*3+j));
}
```

程序运行结果：

```
Please input i =1
Please input j =2

a[1][2]=6.000000

a[1][2]=6.000000

a[1][2]=6.000000

a[1][2]=6.000000

a[1][2]=6.000000
Press any key to continue
```

（2）通过建立一个指针数组引用二维数组元素。若有以下定义：

```
int a[3][2],i,j,*p[3];
```

在这里，说明符*p[3]中，[ ]优先级高于*号，因此 p 首先与[ ]结合，构成 p[3]，说明了 p 是一个数组名，系统将为它开辟 3 个连续的存储单元；在它前面的*号则说明了数组 p 的指针类型，它的每个元素都是指向 int 类型的指针。若满足条件：0≤i<3，则 p[i]和 a[i]的类型相同，p[i]=a[i]是合法的赋值表达式。若有以下循环：

```
for(i=0;i<3;i++)  p[i]=a[i];
```

在这里，等号右边的 a[i]是常量，表示 a 数组每行的首地址，等号左边的 p[i]是指针变量，循环执行的结果使 p[0]、p[1]、p[2]分别指向数组 a 的每行的开头。这时，数组 p 和数组 a 之间的关系如图 8-8 所示。

当数组 p 的每个元素已如图 8-8 所示指向数组 a 每行的开头时，则数组 a 的元素 a[i][j]的引用形式*(a[i]+j)和*(p[i]+j)是完全等价的。由此可见，这时可以通过指针数组 p 来引用数组 a 的数组元素，它们的等价形式如下：

① *(p[i]+j)　　　　/*与 *(a[i]+j) 对应*/

② *(*(p+i)+j)　　　/*与 *(*(a+i)+j) 对应*/

③ p[i][j]　　　　　/*与 a[i][j] 对应*/

④ (*(p+i))[j]　　　/*与 (*(a+i))[j] 对应*/

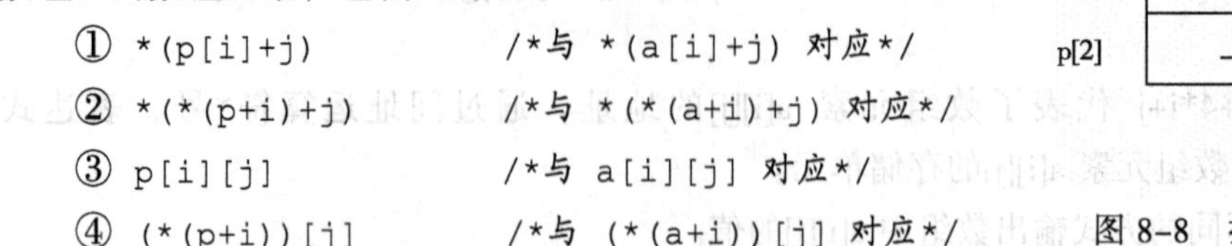

图 8-8　指针数组中的指针指向二维数组每行行首示意图

不同的是：p[i]中的值是可变的，而 a[i]中的值是不可变的。

（3）通过建立一个行指针引用二维数组元素。若有以下定义：

```
int a[3][2],(*p)[2];
```

在说明符 (*p)[2] 中，由于一对圆括号的存在，所以*号首先与 p 结合，说明 p 是一个指针变量，然后再与说明符[2]结合，说明指针变量 p 指向一个包含两个元素的数组。在这里，p 的类型与 a 相同，因此 p=a;是合法的赋值语句。p+1 等价于 a+1，等价于 a[1]。当 p 指向数组 a 的开头时，可以用以下形式来引用 a[i][j]：

① *(p[i]+j)　　　　/*与 *(a[i]+j) 对应*/

② *(*(p+i)+j)　　　/*与 *(*(a+i)+j) 对应*/

③ p[i][j]　　　　　/*与 a[i][j] 对应*/

④ (*(p+i))[j]　　　/*与 (*(a+i))[j] 对应*/

【示例 8.10】利用指针变量进行整行的跳动。

```
#include <stdio.h>
void main()
{
    float a[2][3]={1,2,3,4,5,6};
    float (*p)[3];   //  定义为一个指向 float 型、一维、3 个元素数组的指针变量 p
    int i,j;
    printf("Please input i =");
    scanf("%d", &i);
    printf("Please input j =");
    scanf("%d", &j);
    p=a;             //  将二维数组 a 的首地址赋给了 p
    printf("\na[%d][%d]=%f\n ",i,j,*(*(p+i)+j));   // 等价于输出
                                              (*(p+i))[j]，即 a[i][j]的值
}
```

程序运行结果：

```
Please input i =1
Please input j =2

a[1][2]=6.000000
 Press any key to continue_
```

p 在定义时，对应数组的长度应该和 a 的列长度相同。否则编译器检查不出错误，但指针偏移量计算出错，导致错误结果。

现场练习 6：

读出下列程序的运行结果：

```
#include <stdio.h>
void main()
{
    int aa[3][3]={{2},{4},{6}},i,*p=&aa[0][0];
    for(i=0;i<2;i++)
    {
        if(i==0)aa[i][i+1]=*p+1;
        else ++p;
        printf("%d",*p);
    }
    printf("\n");
}
```

8.3.3 用数组名作函数参数

C 语言中经常要把数组的元素传递到另一函数中处理，这就涉及函数间数据的传递。7.7 节已经介绍过函数间数据的传递有传值和引用两种。

若数组元素作为函数实参，每个数组元素实际上代表内存中的一个存储单元，故和普通变量作为参数一样，对应的形参必须是类型相同的变量，此时的数据传递方式是值传递；当数组名或者数组元素地址作为实参时，因为是地址值，因此，对应的形参就应当是一个同类型的指针变量，实际上在被调函数中是通过指针变量来引用主调函数中对应的数组元素，从而达到对主调函数中对应的数组元素进行操作而改变其中的值，这时的传递方式就是引用方式。

【示例 8.11】编写程序，通过一个函数给主函数中定义的数组输入若干大于或等于 0 的整数，用负数作为输入结束标志；调用另一个函数输出数组中的数据。

本示例使用数组名作为函数实参，算法十分简单，只是想通过此示例程序，举例说明如何在函数中给函数中的数组元素赋值，然后又如何把主函数中数组的数据传送给被调函数进行输出，同时也示例了如何在被调函数中引用在主函数中定义的数组中的元素。

```
#include <stdio.h>
#define M 100
/*输入函数*/
int in(int *p)
{
    int i=0,x;
    scanf("%d",&x);
    while(x>=0)
    {
        *(p+i)=x;
        i++;
        scanf("%d",&x);
    }
    return i;
}

/*输出函数*/
```

```
void out(int *p,int n)
{
    int i;
    for(i=0;i<n;i++)
    {
        printf("%4d",*(p+i));
        if((i+1)%5==0)       /*根据 i 来确定输出格式，一行显示 5 个数据*/
            printf("\n");
    }
    printf("\n");
}

void main()
{
    int s[M],k;
    k=in(s);                 /*k 表示得到输入数据的个数*/
    out(s,k);                /*数组名作为函数参数*/
}
```

程序运行结果：

```
1 2 3 4 5 6 7 8 9 10 11 12 13 14 -9
   1   2   3   4   5
   6   7   8   9  10
  11  12  13  14
Press any key to continue
```

程序中调用了 in()函数用以给 main()函数中的 s 数组输入数据，由于输入的数据个数不确定，因此必须在输入数据的同时统计数据的个数，并把它传回 main()函数。在 in 中，用负数作为输入结束表示。用于通过函数返回值返回输入数据的个数，因此函数的类型说明为 int 类型。

程序中调用 out()函数输出 main()函数中 s 数组的数据，out()函数被说明为 void 类型。在此函数中也示例了一种利用循环控制变量来实现连续输出过程中的换行操作。

在 in()和 out()两个函数中，都用名为 p 的指针变量作为形参，与主函数中的实参数组名 s 相对应。当调用这两个函数时，指针变量 p 指向数组 s 的首地址。在函数中，表达式*(p+1)就代表了主函数中的数组元素 s[1]，表达式*(p+i)就代表了主函数中的数组元素 s[i]，当 i 的值由 0 变化到 9 时，*(p+i)就表示引用了数组元素 s[0]到 s[9]。

当数组名作为实参时，对应的形参除了是指针外，还可以用另外两种形式。对于上例中的函数调用 in (s)；对应的函数首部可以写成以下三种形式：

（1）`in(int *p)`

（2）`in(int p[ ])`

（3）`in(int p[M])`

在后两种形式中，虽然说明的形式与数组的说明相同，但 C 编译程序都将把 p 处理成第（1）种的指针形式。

现场练习 7：

若输入 1 9 5 4 8 2 6 3 7 11 回车，读出下列程序的运行结果：

```
#include <stdio.h>
int max(int data[10]);
void main()
```

```
{
    int a[10],m,i;
    for(i=0;i<=9;i++)
       scanf("%d",&a[i]);
    m=max(a);
    printf("The max number is %d\n",m);
}
int max(int data[10])
{
    int i,m;
    m=data[0];
    for(i=0;i<10;i++)
       if(m<data[i])
          m=data[i];
       return m;
}
```

当二维数组名作为实参时，对应的形参必须是一个行指针变量。例如，若主函数中有以下定义和函数调用语句：

```
#include  <stdio.h>
#define  M  5
#define  N  3
void main()
{   double s[M][N] ;
    …
    fun() ;
    …
}
```

则 fun()函数的首部可以是以下三种形式之一：

(1) `fun(double (*p)[N])`

(2) `in(double p[ ][N])`

(3) `in(int p[M][N])`

注意：列下标不可缺。无论是哪种方式，系统都将把 p 处理成一个行指针。和一维数组相同，数组名传送给函数的是一个地址值，因此，对应的形参也必定是一个类型相同的指针变量，在函数中引用的将是主函数中的数组元素，系统只为形参开辟一个存放地址的存储单元，而不可能在调用函数时为形参开辟一系列存放数组的存储单元。

现场练习 8：

若输入为

```
1  2  3回车
4  5  6回车
7  8  9回车
```

读出下列程序的运行结果：

```
#include <stdio.h>
int sum(int a[][3])            /*行指针作为形参*/
{
     int i,s=0;
```

```
        for(i=0;i<3;i++)
            s+=a[i][i];
        return s;
    }
    void main()
    {
        int i,j,s,a[3][3];
        for(i=0;i<3;i++)
            for(j=0;j<3;j++)
                scanf("%d",&a[i][j]);
        s=sum(a);                    /*二维数组名作为函数实参*/
        printf("The sum is %d.\n",s);
    }
```

8.4 字符串与指针

8.4.1 通过赋初值的方式使指针指向一个字符串

假设有字符串"This is a string"，在 C 语言中存放该字符串有两种方法：

（1）在定义字符指针变量时，将存放该字符串的存储单元的起始地址赋给指针变量：

```
char *cp1="This is a string";
```

这里，将把存放字符串常量的无名存储区的首地址赋给指针变量 cp1，使 cp1 指向字符串的第一个字符 T。注意：不要误以为是将字符串赋给了 cp1。

（2）将字符串存放于一个字符数组中。

```
char str[]="This is a string",*cp2=str;
```

在定义指针变量 cp2 的同时，把存放字符串的字符数组 str 的首地址作为初值赋给了它，使 cp2 指向字符串的第一个字符。

8.4.2 通过赋值运算使指针指向一个字符串

如果已经定义了一个字符型指针变量，可以通过赋值运算将某个字符串的起始地址赋给它，从而使其指向一个具体的字符串。例如：

```
char *cp1;
cp1="This is a string";   //等价于 char *cp1="This is a string";
```

这里也是将存放字符串常量的首地址赋给了 cp1。又如：

```
char str[]="This is a string" , *cp2;
cp2=str;                  //等价于 cp2=&str[0];
```

通过赋值语句使指针 cp2 指向了存放字符串的字符数组 str 的首地址。

若有以下定义：

```
char *cp="string";
char str[]="string"
```

在这里，str 是一个字符数组，通过赋初值，系统为它开辟了刚好能存放以上 7 个字符的存储空间（字符序列再加'\0'），可以通过数组元素 str[0]、str[1]等形式来引用字符串中的每个字符，在这个数组内，字符串的内容可以改变，但数组 str 总是代表一个固定的存储空间，且最多只能存放含有 6 个字符的字符串。而 cp 是一个指针变量，通过赋初值，使其指向一个字符串常量，即指向一个含有 7 个字符存储空间的无名字符数组。注意，str 数组中的字符串内容虽然与 cp 所指字符串内容相同，但这两个字符串分别占有不同的存储空间。虽然也可以通过 cp[0]等形式来引用字符串常量中的每个字符，但指针变量 cp 中的地址可以改变而指向另外一个长度不同的字符串。一旦 cp 指向新的字符串而没有另一个指针指向原来的字符串，则此字符串将“丢失”，其所占存储空间也将无法引用。

现场练习 9：

已知

```
char str[20]="C program",*ps;
```

判断下列语句的对错：

(1) `str="Programming is fun.";`

(2) `str[]="Programming is fun.";`

(3) `ps="Programming is fun.";`

(4) `ps=str;`

(5) `str=str+5;`

8.4.3 字符指针作函数参数

指向字符串的指针变量可以作为实参传送，因为是一个地址值，因此，对应的形参就应当是一个指针变量，在被调函数中，可以通过指针变量来引用主调函数中的字符串，对其进行相应的操作。

【示例 8.12】在一行字符中删去指定字符，例如要求在一行字符串中："I have 50 yuan."，删去字符'0'，使其变为："I have 5 yuan."。

```
#include <stdio.h>
void fun(char *p,char a[]);       //函数说明语句
void main()
{
    char *p="I have 50 yuan.";    //定义并初始化指向字符串的指针变量
    char a[20];
    printf("The string is :%s\n",p);
    fun(p,a);                      //指向字符串的指针p作为函数参数
    printf("The new string is :%s\n",a);
}

void fun(char *p,char a[20])
{
    int i;
    for(i=0;*p!='\0';p++)
    {
        if(*p!='0')
            a[i++]=*p;
    }
    a[i]='\0';
}
```

程序运行结果：

```
The string is :I have 50 yuan.
The new string is :I have 5 yuan.
Press any key to continue
```

8.5 指针数组

若一个数组中每个元素都是一个指针，则为指针数组。

指针数组的定义形式：

```
类型标识符 *数组名[数组长度];
```

例如：

```
int *p[3];
```

上面代码定义了一个指针数组 p，有 3 个元素，每个元素都是一个指针，指向整型数据。

当程序要处理一个字符串时，常用字符数组，但处理多个相关字符串时，就必须定义一个二维字符数组，有确定的列数，即每行存储字符个数相等，而实际上各字符串长度并不相同，只能按最长字符串来定义数组列数，会浪费存储空间。此时，可选择指针数组，指针数组适合处理多个字符串。

用指针数组指向一组字符串时，指针数组每个元素被赋予一个字符串的首地址。例如：

```
char *name[]={"Monday","Tuesday","Wednesday","Thursday","Friday"};
```

字符指针数组的内存表示如图 8-9 所示。

【示例 8.13】使用字符指针数组输出多个字符串。

```
#include <stdio.h>
void main()
{
    char
*name[]={"Monday","Tuesday",
"Wednesday","Thursday","Friday"};
    int i;
    for(i=0;i<5;i++)

printf("%s\n",*(name+i));
}
```

图 8-9　字符指针数组的内存表示

程序运行结果：

```
Monday
Tuesday
Wednesday
Thursday
Friday
Press any key to continue
```

小　结

（1）指针是一个变量，它存储另一个对象的内存地址。

（2）指针的声明由基本类型、星号 (*) 和变量名组成。

（3）为指针赋值，赋值运算符右侧必须是一个地址。如果是普通变量需要在前面加一个取地

址运算符 &；如果是另一个指针变量或者是一个数组，则不需要加&运算符。

（4）运算符“*”用于返回指针指向的内存地址中存储的值。

（5）指针的算术运算的含义是指针的移动，将指针执行加上或者减去一个整数值 n 的运算相当于指针向前或向后移动 n 个数据单元。

（6）指针可以执行比较相等的运算，用来判断两个指针是否指向同一个变量。

（7）指向数组的指针，存储的是数组中元素的地址。数组 data 的第 (i + 1) 个元素的地址可表示为 &data[i] 或 (data+i)。

（8）当程序把一个数组传递给函数时，实际上把数组第一个元素的地址传递给该函数。通过递增指针的值，可以是指针直接指向数组的下一个元素。

（9）指针使函数的功能大大增强，但也随之带来了副作用，函数的黑盒性受到威胁。为了限制副作用，可以声明函数形参为指针常量和指向常量的指针。

（10）在 C 语言中，可以定义指针变量指向该字符串的存储单元的起始地址来存放该字符串；也可以使用字符数组来存放字符串。

（11）指针数组中每个元素都是一个指针。指针数组和二维数组是有区别的。

作 业

1. 用指针指向两个变量，通过指针运算选出值小的那个数。

2. 定义字符串"This is a string"，输出字符串中第 10 个字符后的所有字符。

3. 定义字符串"Good morning!"，用指针变量实现字符串的复制。

4. 编写函数，把一个数组前一半元素值逆序存放。

5. 编写交换函数 swap()，用指针变量作为函数参数，实现两个整型变量值的交换。

6. 编写函数 cal()，用指针变量作为函数参数，计算圆面积和圆柱体积。

7. 编写程序，判断字符串"MADAM"是否为回文串。回文串指的是字符串第一个字符和最后一个字符相同，第二个字符和倒数第二个字符相同，依此类推。

8. 编写函数 add(int *a,int *b)，函数中把指针 a 和 b 所指的存储单元中的两个值相加，然后将和作为函数值返回。在主函数中输入两个数给变量，把变量地址作为实参，传送给对应形参。

9. 用选择法对数组中的数进行升序排序。

10. 编写程序，打印出以下形式的杨辉三角形。

```
1
1   1
1   2    1
1   3    3    1
1   4    6    4    1
1   5   10   10    5   1
1   6   15   20   15   6   1
```

11. 已知整型数组中的值在 0～9 的范围内，统计每个整数的个数。

第 9 章　结构类型与联合类型

学习目标：

- 理解为什么要使用结构体和共用体。
- 学会 C 语言中结构体和共用体的定义。
- 熟练掌握结构体和共用体的使用。
- 了解枚举类型的使用。
- 了解用 typedef 定义类型。

完成任务：

继续扩展学生成绩管理系统，用结构实现统计某班学生某几门课程的成绩情况，并能显示某位同学的所有科目的平均成绩情况。

9.1　结构类型简介

在前面的章节中，介绍了基本数据类型——字符型（char）、整型（int）、单精度浮点型（float）。这种基本数据类型在程序设计中可以直接应用（例如直接定义变量和数组），而不必关心此类型如何定义。通过简单数据类型及其变量的引入，使得描述现实事物某一方面的特性成为可能，例如，int nCount 可以表示事物的数量特性。

但是基本数据类型仅仅描述了事物某一方面的特性，而一种物体或事物往往具有多方面的属性。例如，描述一个同学可能要包括学号、姓名、性别、年龄、成绩、班级等多方面的信息。根据前面的知识，需要定义一组变量来描述上述信息。

```
int Code;             /*学号*/
char Name[20];        /*姓名*/
char Sex;             /*性别*/
int Age;              /*年龄*/
…
```

但是上述几个变量之间在组织和存储上没有强制的约束关系，不能够将其作为一个整体来对待，而这些属性在逻辑上属于同一事物，应当作为一个整体来处理。在 C 语言中引入了一种新的自定义数据类型——结构体（structure）。引入结构体之后，程序设计人员可以根据需要定义多种自定义的数据类型，用于描述不同类型的事物。为了描述学生（假设仅仅需要描述其中的学号、姓名、性别和年龄等信息），可以定义如下的自定义数据类型 struct Student。这样可以把学号、姓名、性别和年龄等信息作为一个逻辑整体来处理。

```
struct Student
{
    int Code;              /*学号*/
    char Name[20];         /*姓名*/
    char Sex;              /*性别*/
    int Age;               /*年龄*/
};
```

在完成一个结构体定义之后，就可以像定义基本数据类型变量一样，定义结构体类型的变量和数组。例如：

```
struct Student oStudent;          /*定义 struct Student 类型变量*/
struct Student oStudents[10];     /*定义 struct Student 类型数组*/
```

结构体的引入，使得用户可以方便地定义新的数据类型，用成员变量来存储事物不同方面的特性，但是结构体每一个成员变量均需要占用一定的存储空间，与实际的要求存在一定的差距。为此，C 语言引入了新的自定义数据类型共用体（有的书中称共用体为联合），很像结构体类型，有自己的成员变量，而且所有的成员变量占用同一段内存空间。

9.2　结构类型定义和使用

9.2.1　定义结构类型的语法

C 语言中引入结构体的主要目的是将具有多个属性的事物作为一个逻辑整体来描述，从而允许扩展 C 语言数据类型。作为一种自定义的数据类型，在使用结构体之前，必须对其进行定义。

结构体定义语法的一般形式：

```
struct 结构体名
{
    成员变量列表;
    …
};
```

其中，struct 为系统关键字，用来说明当前定义一个结构体类型。结构体名遵循 C 语言标识符命名规则。在{}之间通过分号分隔的变量列表称为成员变量，用于描述此类事物的某一方面特性。成员变量可以为基本数据类型、数组和指针类型，也可以为结构体，当成员变量为结构体类型时不允许为自身结构体类型。由于不同的成员变量分别描述事物某一方面的特性，因此成员变量不能重名。应注意在括号后的“;”是不可少的。

例如，为了描述班级（假设仅仅包括班级编号、专业、人数等信息），可以定义如下的结构体：

```
struct Class
{
    char code[10];         /*编号*/
    char major[30];        /*专业*/
    int count;             /*人数*/
};
```

现场练习 1:

要求用结构类型描述一个成绩单，成绩单上要列出学生的学号、姓名，C 语言、高数和英语三门课的成绩。

9.2.2 声明结构类型变量

结构体类型变量定义与基本数据类型变量定义类似，但是要求完成结构体定义之后才能使用此结构体定义变量。定义结构体类型变量有如下三种方法。

（1）定义结构体后定义变量：

```
struct 结构体名
{成员列表};
struct 结构体名 结构体变量名
```

例如：

```
struct Student
{
    int Code;           /*学号*/
    char Name[20];      /*姓名*/
    char Sex;           /*性别*/
    int Age;            /*年龄*/
};
struct Student student1,student2;
```

说明了两个变量 student1、student2 为 Student 结构类型，成员的内存分配如图 9-1 所示。

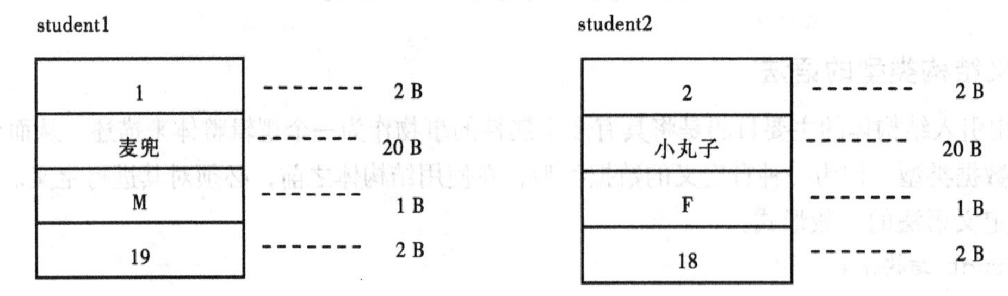

图 9-1 成员的内存分配

通过图 9-1 可以看出，在为结构体变量分配存储空间时，从第一个成员开始分配，第二个成员紧跟第一个成员分配，如此下去，直至为最后一个成员分配完存储空间，整个结构的存储空间分配便完成，即结构体变量的存储分配就是对其所有成员的存储分配，并且按照它们在结构体中说明的先后顺序进行存储分配。

结构体变量 student1 和 student2 中均各有 4 个成员，每个成员是按说明的顺序在内存中存放的，student1 和 student2 在内存中各占 25 个字节（2+20+1+2=25）。结构体变量所占的内存长度是按照结构体中各个成员变量所占字节数之和来计算的。

（2）定义类型同时定义变量：

```
struct 结构体名
{
    成员列表
}变量名列表;
```

例如：

```
struct Student
{
    int Code;               /*学号*/
    char Name[20];          /*姓名*/
```

```
    char Sex;                /*性别*/
    int Age;                 /*年龄*/
}student1,student2;
```

（3）直接定义变量。此种方法在定义结构体的同时定义结构体类型的变量，但是不给出结构体标识符：

```
struct
{
    成员列表
}变量名列表;
```

例如：

```
struct
{
    int Code;                /*学号*/
    char Name[20];           /*姓名*/
    char Sex;                /*性别*/
    int Age;                 /*年龄*/
}student1,student2;
```

该定义方法中省略了结构体名的定义，所以所有属于该类型的变量只能在此处全部定义出来，在其他地方则无法表示。

上述 Student 结构定义中，所有的成员都是基本数据类型或数组类型。成员也可以是一个结构，即构成嵌套的结构。例如，如果学员信息中包含生日，生日可以定义一个结构，包含成员年、月、日。

```
struct Date
{
    int month;               /*月*/
    int day;                 /*日*/
    int year;                /*年*/
};
struct Student
{
    int Code;                /*学号*/
    char Name[20];           /*姓名*/
    char Sex;                /*性别*/
    int Age;                 /*年龄*/
    struct Date birthday;    /*生日*/
} student1,student2;
```

现场练习 2：

在现场练习 1 声明结构的基础上，用上述三种声明结构变量的方法定义结构变量。

9.2.3 结构类型变量初始化

C 语言中引用变量的基本原则是：在使用变量前，需要对变量进行定义并初始化。其方法是在定义变量的同时给其赋初值。结构体变量的初始化遵循相同的规律。

数组的初始化需要通过常量数据列表对元素分别进行初始化，形式如下：

```
数据类型 数组名称 [数组长度] ={初始化值 1,初始化值 2,…, 初始化值 n};
```

例如，定义长度为 5 的整型数组，并对其初始化的语句如下：

```
int A[5]={20,21,0,3,4};
```

结构体变量的初始化方式与数组类似，分别给结构体的成员变量以初始值，而结构体成员变量的初始化遵循简单变量或数组的初始化方法。具体的形式如下：

```
struct 结构体名
{
    成员变量列表;
    …
};
struct 结构体名 变量名={初始化值1,初始化值2,…, 初始化值n};
```

例如：

```
struct Student
{
    int Code;              /*学号*/
    char Name[20];         /*姓名*/
    char Sex;              /*性别*/
    int Age;               /*年龄*/
}student1,student2;
struct Student student1={1, "麦兜",'M',19};
```

struct Student 类型变量 student1 的 4 个成员变量的值分别为：

```
student1.Code=1;
student1.Name="麦兜";
student1.Sex='M';
student1.Age=19;
```

由于定义结构体变量有三种方法，因此初始化结构体变量的方法对应有三种，上面已经介绍了其中的一种形式，其他两种形式如下：

```
struct Student
{
    int Code;              /*学号*/
    char Name[20];         /*姓名*/
    char Sex;              /*性别*/
    int Age;               /*年龄*/
}student1={1, "麦兜",'M',19};

struct
{
    int Code;              /*学号*/
    char Name[20];         /*姓名*/
    char Sex;              /*性别*/
    int Age;               /*年龄*/
}student1={1, "麦兜",'M',19};
```

若结构体成员为数组，则初始化如下：

```
struct Student
{
    int Code;              /*学号*/
    char Name[20];         /*姓名*/
    float score[3];        /*三门课成绩*/
}student1={1, "麦兜",{92.3,89.0,88.2}}
```

若结构体成员是另一个结构体变量，则初始化如下：

```
struct Date
{
   int month;                /*月*/
   int day;                  /*日*/
   int year;                 /*年*/
};
struct Student
{
   int Code;                 /*学号*/
   char Name[20];            /*姓名*/
   char Sex;                 /*性别*/
   int Age;                  /*年龄*/
   struct Date birthday;     /*生日*/
} student1={1, "麦兜",'M',19, {1992,1,1} };
```

在初始化结构体变量时，既可以初始化其全部成员变量，也可以仅对其中部分成员变量进行初始化。

例如：

```
struct Student
{
   int Code;                 /*学号*/
   char Name[20];            /*姓名*/
   char Sex;                 /*性别*/
   int Age;                  /*年龄*/
}student1={1,"麦兜"};
```

其相当于

```
student1.Code=1;
student1.Name="麦兜";
student1.Sex='\0x0';
student1.Age=0;
```

仅对其中部分的成员变量进行初始化，要求初始化的数据至少有一个，其他没有初始化的成员变量由系统完成初始化，为其提供默认的初始化值。各种基本数据类型的成员变量初始化默认值如表 9-1 所示。

表 9-1　基本数据类型成员变量的初始化默认值

数据类型	初始化默认值	数据类型	初始化默认值
int	0	double	0.0
char	'\0x0'	char Array[n]	""
float	0.0	int Array[n]	{0,0...,0}

9.2.4　访问结构类型中的成员

结构体变量的访问分为结构体成员变量的访问和结构体变量本身的访问。

（1）结构体成员变量的访问。结构体变量包括一个或多个成员变量，引用其成员变量的语法格式如下：

```
结构体变量. 成员变量
```

例如：

```
struct Student
{
    int Code;               /*学号*/
    char Name[20];          /*姓名*/
    char Sex;               /*性别*/
    int Age;                /*年龄*/
}student1={1,"麦兜",'M',19};
```

struct Student 类型变量 student1 的 4 个成员变量的值分别为：

```
student1.Code=1;
student1.Name="麦兜";
student1.Sex='M';
student1.Age=19;
```

当成员是另一个结构体变量时，应逐级地访问成员。

例如：

```
student1.birthday.month;
student1.birthday.day;
student1.birthday.year;
```

还可以通过指向结构的指针来访问结构成员。当一个指针变量用来指向一个结构变量时，称为结构指针变量。

结构指针变量中的值是所指向的结构变量的首地址。通过结构指针可以访问该结构变量，这与数组指针的情况是相同的。结构指针变量声明的一般形式为：

```
struct 结构名 *结构指针变量名;
```

例如，在前面定义的 Student 结构，如要说明一个指向该结构的指针变量 student1，可写为：

```
struct Student *student1;
```

访问结构成员的一般形式为：

```
(*结构指针变量).成员名;
```

例如：

```
(*student1).Name;
```

在 C 程序中，指向结构的指针应用非常广泛，人们常要由这种指针出发去访问结构成员。为了描述方便，C 语言为这种操作专门提供了一个运算符号“->”，这样可以通过以下方式来访问：

```
结构指针变量->成员名
```

例如：

```
student1->Name;
```

（2）结构体变量的访问。对结构体变量不能实行加减乘除四则运算，按位与逻辑运算。但可以对结构体变量进行赋值。

例如：

```
struct Student
{
    int Code;               /*学号*/
    char Name[20];          /*姓名*/
    char Sex;               /*性别*/
```

```
    int Age;                /*年龄*/
}student1,student2;
struct Student student1={1,"麦兜",'M',19};
student2=student1;
```

则 student2 中的 4 个成员变量的值与 student1 的 4 个成员变量的值相同。

【示例 9.1】根据学生的成绩，输出不及格学生的详细信息。

```
#include <stdio.h>
struct student
{
    int num;                //学号
    char *name;             //姓名
    char sex;               //性别
    float score;            //成绩
};
void main()
{
    static struct student stu1={1,"李鹏鹏",'M',61};
    static struct student stu2={2,"周晶晶",'F',92.5};
    static struct student stu3={3,"姚明明",'M',59};
    printf("不及格学员的名单如下: \n");
    if(stu1.score<60)

printf("%d\t%s\t%c\t%5.2f\n",stu1.num,stu1.name,stu1.sex,stu1.score);
    if(stu2.score<60)

printf("%d\t%s\t%c\t%5.2f\n",stu2.num,stu2.name,stu2.sex,stu2.score);
    if(stu3.score<60)

printf("%d\t%s\t%c\t%5.2f\n",stu3.num,stu3.name,stu3.sex,stu3.score);
    if(stu1.score>=60 && stu2.score>=60 && stu3.score>=60)
        printf("没有不及格的学员。\n");
}
```

程序运行结果：

```
不及格学员的名单如下：
3       姚明明  M       59.00
```

【示例 9.2】结构指针变量的使用。

```
#include <stdio.h>
struct Student
{
    int num;
    char *name;
    char sex;
    float score;
}stu={1,"美洋洋",'F',67},*pstu;
void main()
{
    pstu=&stu;
    printf("学号: %d 姓名: %s\n",stu.num,stu.name);
```

```
        printf("性别: %c 成绩: %5.2f\n\n",stu.sex,stu.score);
        printf("学号: %d 姓名: %s\n",(*pstu).num,(*pstu).name);
        printf("性别: %c 成绩: %5.2f\n\n",(*pstu).sex,(*pstu).score);
        printf("学号: %d 姓名: %s\n",pstu->num,pstu->name);
        printf("性别: %c 成绩: %5.2f\n\n",pstu->sex,pstu->score);
    }
```

程序运行结果：

```
学号：1 姓名：美洋洋
性别：F 成绩：67.00

学号：1 姓名：美洋洋
性别：F 成绩：67.00

学号：1 姓名：美洋洋
性别：F 成绩：67.00
```

9.2.5 结构类型数组

数组是一组具有相同数据类型变量的有序集合，可以通过下标获得其中的任意元素。结构体类型数组与基本类型数组的定义和引用规则是相同的，区别在于结构体数组中的所有元素均为结构体变量。

1．结构类型数组的定义

结构体变量有三种定义方法，因此结构类型数组也有三种定义方法，如下：

方式 1：

```
struct 结构体名
{
    成员变量列表;
    …
};
struct 结构体名 数组名[数组长度];
```

方式 2：

```
struct 结构体名
{
    成员变量列表;
    …
}数组名[数组长度];
```

方式 3：

```
struct
{
    成员变量列表;
    …
}数组名[数组长度];
```

其中，“数组名”为数组名称，遵循变量的命名规则；“数组长度”为数组的长度，要求为大于零的整型常量。

例如：

```
struct Student
{
    int Code;                 /*学号*/
    char Name[20];            /*姓名*/
    char Sex;                 /*性别*/
```

```
    int Age;                /*年龄*/
}stu[2];
```

上述例子中定义了一个长度为2的数组stu，每个数组元素都是Student类型，元素在内存中按序号（即下标）依次存储，如图9-2所示。

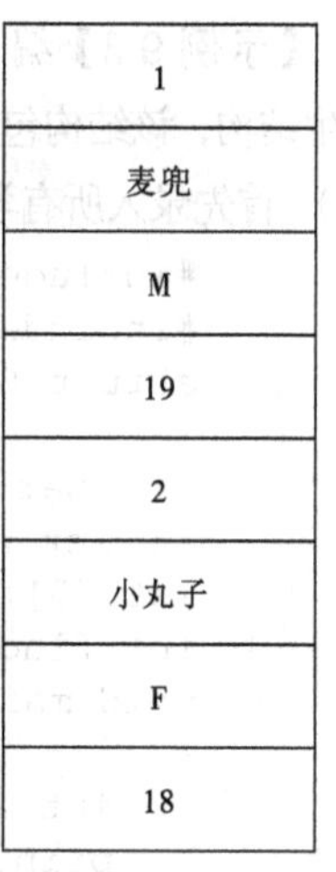

图9-2　数组stu在内存中的存储方式

2. 结构类型数组的初始化

结构体类型数组的初始化遵循基本数据类型数组的初始化规律，在定义数组的同时，对其中的每一个元素进行初始化。

例如：

```
struct Student
{
    int Code;               /*学号*/
    char Name[20];          /*姓名*/
    char Sex;               /*性别*/
    int Age;                /*年龄*/
}stu[2]={{1,"麦兜",'M',19},{2,"小丸子",'F',18}};
```

在定义结构体struct Student的同时定义长度为2的struct Student类型数组stu，并分别对每个元素进行初始化，每个元素的初始化规律遵循结构体变量的初始化规律。

在定义数组并同时进行初始化的情况下，可以省略数组的长度，系统根据初始化数据的多少来确定数组的长度。

例如：

```
struct Student
{
    int Code;               /*学号*/
    char Name[20];          /*姓名*/
    char Sex;               /*性别*/
    int Age;                /*年龄*/
}stu[]={{1,"麦兜",'M',19},{2,"小丸子",'F',18}};
```

结构类型数组stu的长度，系统自动确认为2。

3. 结构类型数组的引用

对于数组的引用，分为数组元素和数组本身的引用。对于数组元素的引用，其实质为简单变量的引用。对于数组本身的引用实质是数组首地址的引用。

（1）数组元素的引用。数组元素引用的语法形式如下：

```
数组名[数组下标];
```

[]为下标运算符；数组下标的取值范围为（0，1，2，...，n-1），n为数组长度。例如，Student类型数组stu的两个元素的引用方式为：

```
stu[0]
stu[1]
stu[0].Code
```

（2）数组的引用。数组作为一个整体的引用，一般表现在如下两个方面：

① 作为一块连续存储单元的起始地址与结构体指针变量配合使用。

② 作为函数参数。

【示例 9.3】编写一个程序，完成根据学生姓名查询成绩的功能。查询功能通过函数实现。定义一个学生结构，该结构包含两个成员：姓名、成绩。定义一个结构数组，保存所有学生的信息（假定有 5 个学生）。首先录入所有学生的信息，然后调用查询函数获得要查询的学生所处的位置，输出该学生的成绩。

```
#include<stdio.h>
#include<string.h>
struct Student
{
    char name[15];
    int score;
}stu[5];
int find(struct student s[]);
void main()
{
    int i;
    printf("\t请输入学员信息\n");
    printf("============================\n");
    for(i=0;i<5;i++)
    {
       printf("学员%d的信息\n",i+1);
       printf("姓名: ");
       scanf("%s",&stu[i].name);
       printf("成绩: ");
       scanf("%d",&stu[i].score);
    }
    i=find(stu);
    if(i>=0 && i<5)
       printf("%s:%d\n",stu[i].name,stu[i].score);
    else
       printf("该学员不存在! ");
}
int find(struct student s[])
{
    int i;
    char name1[15];
    printf("输入要查找的学员的姓名:\n");
    scanf("%s",&name1);
    for(i=0;i<5;i++)
    {
       if(strcmp(name1,s[i].name)==0)
           break;
    }
    return i;
}
```

程序运行结果：

```
        请输入学员信息
============================
学员1的信息
姓名: a
成绩: 22
学员2的信息
姓名: b
成绩: 33
学员3的信息
姓名: c
成绩: 44
学员4的信息
姓名: d
成绩: 55
学员5的信息
姓名: e
成绩: 66
输入要查找的学员的姓名:
c
c:44
```

程序中函数的参数为结构体 Student 类型的结构体数组（find(struct student s[])），在函数调用时的实参为结构体数组名（find(stu)），这样传递的就是数组的首地址。

9.3　用结构类型实现链表

9.3.1　链表

在 C 语言中，使用数组必须先定义，而且必须定义数组元素个数（即下标的范围），系统根据定义的类型及元素个数分配相应的存储空间。该存储空间的大小是连续、固定的。在处理数据个数未知或不固定的数据时，就需要考虑最大的情况，定义一个足够大的数组来保存可能出现的数据。显然，这要浪费很多空间。为了解决这类问题，引进了链表的概念。

链表由一系列分散的结点（链表中每一个元素称为结点）组成，结点可以在运行时动态生成。每个结点包括两个部分：一个是存储数据元素的数据域，另一个是存储下一个结点地址的指针域。各个结点可以不连续地存放，只需要由前一个结点提供下一个结点的地址，就可以顺着链表逐一访问各个结点。

链表中有一个“头指针”（head）。头指针指向第一个结点，第一个结点指向第二个结点，依此类推，直到最后一个结点，该结点不再指向其他结点，此结点称为“表尾”，它的地址部分放了一个空值（NULL），链表到此结束。

由上面的描述可知，在 C 语言中要实现链表，需使用结构定义语句来定义链表中的帧结点。在结构中，除了各种类型的数据成员之外，必须一个特殊的成员，即指向相同结构体类型数据的指针变量，这个指针变量用来指向下一个结点。通过这个指针成员，把各个结点连接起来。

可使用以下形式，定义链表结点的类型：

```
struct 结构体名
{
    数据类型  成员变量 1;
    数据类型  成员变量 2;
    …
    数据类型  成员变量 n;
    struct 结构体名 *指针变量名;
}
```

9.3.2　动态存储分配

动态存储分配技术，就是在程序的运行期间，根据需要临时分配内存单元用来存放有用的数据，当数据不再有用时可以随时释放它所占用的存储空间。释放掉的存储空间又可以分配给其他数据作为存储空间。这种分配和释放是受程序控制的，它分配的空间是系统的自由空间，释放时又还回系统，成为自由空间。

上面学习了链表中结点的定义方法，就是定义一个结构体，将所有真正反映信息（要存储）的数据作为结构体的一部分成员，再加上一个指针类型的成员作为另外一部分，该指针指向和自己所在的结构体类型相同的结构体。那么，怎样才能实现动态的分配存储，也就是在需要时分配一个结点的存储单元呢？在 C 语言新标准 ANSI C 要求各 C 编译版本提供的标准库函数中包括动态分配存储的函数。常用的有 4 个，它们是 malloc()函数、calloc()函数、free()函数和 realloc()函数。

1. 分配内存空间函数 malloc()

Malloc()函数的原型为：

```
void *malloc (unsigned int size)
```

其作用是在内存的动态存储区中分配一个长度为 size 的连续空间。其参数是一个无符号整型数，返回值是一个指向所分配的连续存储域的起始地址的指针。还有一点必须注意，当函数未能成功分配存储空间（如内存不足）时，会返回一个 NULL 指针。所以，在调用该函数时应该检测返回值是否为 NULL 并执行相应的操作。

2. 分配内存空间函数 calloc()

calloc()函数的原型为：

```
void *callo(unsigned n, unsigned size)
```

其作用是在内存中分配连续大小为 n*size 的空间，返回值是一个指向所分配的连续存储域的起始地址的指针。如果未能成功分配存储空间（如内存不足）就会返回一个 NULL 指针。

3. 释放内存空间函数 free()

由于内存区域总是有限的，不能不限制地分配下去，而且一个程序要尽量节省资源，所以当所分配的内存区域不用时，就要释放它，以便其他的变量或者程序使用。这时就要用到 free()函数。

其函数原型是：

```
void free(void *p)
```

其作用是释放指针 p 所指向的内存区。

其参数 p 必须是先前调用 malloc()函数或 calloc()函数（另一个动态分配存储区域的函数）时返回的指针。给 free()函数传递其他的值很可能造成死机或其他灾难性的后果。注意：这里重要的是指针的值，而不是用来申请动态内存的指针本身。

4. 重新改变已分配内存空间长度函数 realloc()

realloc()函数的原型为：

```
*void realloc(void  *p, unsigned size)
```

其作用是将 p 所指向的对象的大小改为 size 个字节。如果新分配的内存比原内存大， 那么原内存的内容保持不变， 增加的空间不进行初始化。如果新分配的内存比原内存小，那么新内存保持原内存的内容，增加的空间不进行初始化。返回指向新分配空间的指针；若内存不够，则返回 NULL， 原 p 指向的内存区不变。

9.3.3 链表的基本操作

链表的操作包括建立链表、增加链表结点、删除链表结点和查找输出链表结点等操作。下面结合实例，分别介绍实现这些操作的代码。

设计一个程序，使用链表管理学生通信录。下面列出该程序的代码，并在各函数中，分别介绍创建链表、操作链表的方法。

1. 定义结构体

```
1: #include <stdio.h>
2: #include <stdlib.h>
3: #include <string.h>
4: #define H "----------------------"
```

```
5:
6:  struct  person
7: {
8:      char name[10];
9:       char addr[20];
10:      char tele[10];
11:      char qq[10];
12:      struct person *next;
13: };
14:
15: person *head;
```

以上代码首先定义一个保存通信录的结构。在该结构中，第 12 行定义一个指向该结构的指针。第 15 行定义一个全局的 person 指针变量 head，用来作为链表的头指针。使用全局变量可以简化本例程序设计。

2. 建立链表

通过上面的代码，创建了一个链表结点的数据类型 person，并创建了一个指向链表的指针，但该指针还未初始化。要创建链表，并向链表中插入结点，需使用下面的函数。

```
1: void lcreate()
2: {
3:     person *pb;
4:     char ch;
5:
6:     do
7:     {
8:         pb=( person *)malloc(sizeof(person));
9:         if(!pb)
10:         {
11:             printf("内存分配失败!\n");
12:             getchar();
13:             exit(1);
14:         }
15:
16:         printf("%s\n",H);
17:         printf("姓名:");
18:         gets(pb->name);
19:
20:         printf("地址:");
21:         gets(pb->addr);
22:
23:         printf("电话:");
24:         gets(pb->tele);
25:
26:         printf("QQ:");
27:         gets(pb->qq);
28:
29:         linsert(pb);
30:         printf("\n继续输入下一人的信息(y/n)?");
31:         ch=getchar();
```

```
32:           fflush(stdin);
33:     }while(ch=='y' || ch=='Y');
34: }
```

该函数代码较长，但大部分都是用来接收用户输入数据。第 3 行定义了一个 person 类型的指针变量。第 8 行使用 malloc()函数分配一个保存 PERSON 类型数据的内存空间，将分配内存的指针保存到变量 pb 中。第 17~27 行用来接收用户输入数据，这些数据是链表结点的内容，保存在结构指针 pb 所指向的内存区域。第 29 行调用 linsert()函数，将指针 pb 所指向的内存区域添加到链表中（该函数将在下面定义）。第 31 行让用户决定是否还需要输入数据。

3．插入结点

在创建链表的函数 lcreate()中，调用了 linsert()函数向链表中插入一个结点。在链表中插入结点有多种情况。

（1）插入到空表：如果链表是一个空表，只需使 head 指向被插入的结点即可。

（2）插入到头指针后面：若链表中的结点没有顺序，可将新结点插入到 head 之后，再让插入结点的 next 指针指向原 head 指针指向的结点即可。

（3）插入到链表最后：若链表中的结点没有顺序，也可将新结点插入到链表的最后。这时，需将最后一个结点的 next 指针指向新结点，再将新结点的 next 指针设置为 NULL 即可。

（4）插入到链表的中间：这是比较复杂的一种情况，对于有序的链表，会用到这种情况。需要遍历链表，并对每个结点的关键字进行比较，找到合适的位置，再将新结点插入。这种方式需要修改插入位置前结点的 next 指针，使其指向新插入的结点，然后再将新插入结点的 next 指针设置为指向下一个结点。

为了节省篇幅，下面的 linsert()函数只考虑了一种方式，将新结点插入到链表的末尾。具体代码如下：

```
1: void linsert(person *p)
2: {
3:     person *pa,*pb;
4:
5:     pb=head;
6:     if(head==NULL)
7:         head=p;
8:     else{
9:         while(pb)
10:          {
11:              pa=pb;
12:              pb=pb->next;
13:          }
14:          pa->next=p;
15:     }
16:     p->next=NULL;
17: }
```

函数 linsert()的参数是一个 person 类型的指针，指向要插入链表的一个结点。

第 5 行将链表的头指针赋值给临时变量 pb，供后面的程序从头开始遍历链表的各结点。

第 6 行进行判断，如果链表为空表，则使链表头指针指向插入的结点，然后执行第 16 行，将新结点的 next 指针设置为 NULL。

如果链表不为空表，则执行 9~13 行的循环，遍历链表的各结点，直到找到链表的末尾。在第 11 行使用 pa 保存链表末尾的结点（当找到链表末尾时，变量 pb 的值已经为 NULL）。

第 12 行将链表最后一个结点的 next 指针指向新插入的结点，再执行第 16 行，将新结点的 next 指针设置为 NULL。

4. 显示链表各结点

通过将链表各结点的值显示出来，可供用户查看当前保存的所有数据。只需从链表头指针开始遍历各结点，并将结点中的数据显示出来（next 指针不显示）即可。下面的函数即可遍历链表。

```
1: void ldisp()
2: {
3:     person *pa;
4:
5:     pa=head;
6:     while(pa)
7:     {
8:          printf("%s\n",H);
9:          printf("姓名:%s\n",pa->name);
10:         printf("地址: %s\n",pa->addr);
11:         printf("电话:%s\n",pa->tele);
12:         printf("QQ:%s\n",pa->qq);
13:         pa=pa->next;
14:     }
15: }
```

第 5 行将链表头指针的值赋给指针变量 pa，通过第 6~14 行的循环，即可将每一个结点的内容显示出来。第 13 行用来指向下一个结点。

5. 查找结点

因为链表各结点不是连续存放的，所以查找结点一般只能采用顺序查找法，即逐个比较要查找的关键字。例如，在本例的通信录管理系统中，将姓名作为关键字，则可编写以下查找函数。

```
1: person *lsearch(char *name)
2: {
3:     person *pa;
4:
5:     pa=head;
6:     while(pa)
7:     {
8:         if(strcmp(name,pa->name))
9:             pa=pa->next;
10:        else
11:            return pa;
12:    }
13:    return NULL;
14: }
```

该函数的参数为一个字符串，返回值为一个链表结点的指针，供调用程序处理该结点的数据。如果未找到结点，则返回 NULL。

第5行将链表头指针赋值给变量pa。接着在第6~12行从链表开始处遍历链表，用第8行比较当前结点的name与输入查找的字符串是否相同，如果不同，则执行第9行，处理下一个结点；如果相同，表示已查找到需要的数据，返回当前结点的地址。

该函数具有返回值，具体调用可参见后面main()函数的调用和处理。

6．删除结点

删除结点与查找结点有部分类似的情况，即首先要遍历链表，查找到需要删除的结点位置，然后再进行删除结点的操作。

删除一个结点，有两种情况：

（1）若被删结点是第一个结点，则只需使链表头指针head指向第二个结点，然后再释放删除结点所占内存空间即可。

（2）若被删点不是第一个结点，则使被删结点的前一结点指向被删结点的后一结点，然后再释放结点所占内存空间即可。

删除结点函数的代码如下：

```
1: void ldel(char *name)
2: {
3:     person *pb,*pa;
4:
5:     if(head==NULL)
6:     {
7:         printf("链表为空!\n");
8:         getchar();
9:         exit(1);
10:     }
11:
12:     pb=head;
13:     while(strcmp(pb->name,name) && pb->next)
14:     {
15:         pa=pb;
16:         pb=pb->next;
17:     }
18:
19:     if(!strcmp(pb->name,name))
20:     {
21:         if(pb==head) head=pb->next;
22:         else pa->next=pb->next;
23:         free(pb);
24:     }
25: }
```

第5行判断链表是否为空。

第12~17行在链表中查找要删除的结点，与查找结点类似。在第13行的比较条件中，有两个条件：一是找到符合条件的结点，二是已查找完整个链表。

第19行再次判断结点关键字，如果关键字与查找的字符串不同，则表示已查找完整个链表而没有找到相应的数据，直接返回。否则，就需要进行删除操作，在第21行判断删除的是否为第一个结点，则使链表的头指针指向第二个结点；若不是第一个结点，则使被删除结点的前一个结点（pa）的 next 指针指向下一个结点（第 22 行执行该操作）。最后，第 23 行调用 free()函数，释放删除结点 pb 所占用的内存。

7. 测试链表的功能

【示例 9.4】下面编写一个主调函数 main()，用来测试上面编写的操作链表的函数。

```
1: int main()
2: {
3:     person *pf;
4:     char ch,name[10];
5: 
6:     head=NULL;
7:     do
8:     {
9:          printf("%s\n",H);
10:         printf("1-增加链表结点\n");
11:         printf("2-查找链表结点\n");
12:         printf("3-查看所有结点\n");
13:         printf("4-删除链表结点\n");
14:         printf("0-退出程序\n");
15:         printf("%s\n",H);
16:         printf("\n请选择功能(0~4):");
17:         ch=getchar();
18:         fflush(stdin);
19: 
20:         switch(ch)
21:         {
22:             case '1':
23:             {
24:                 lcreate();
25:                 break;
26:             }
27:             case '2':
28:             {
29:                 printf("\n请输入查找姓名:");
30:                 gets(name);
31: 
32:                 pf=lsearch(name);
33:                 if(pf==NULL)
34:                     printf("\n在链表中未找到 %s 的信息!\n",name);
35:                 else
36:                 {
37:                     printf("%s\n",H);
38:                     printf("\n姓名:%s\n",pf->name);
39:                     printf("地址: %s\n",pf->addr);
40:                     printf("电话:%s\n",pf->tele);
41:                     printf("QQ:%s\n",pf->qq);
42:                     printf("%s\n",H);
43:                 }
```

```
44:                 break;
45:             }
46:             case '3':
47:             {
48:                 ldisp();
49:                 break;
50:             }
51:             case '4':
52:             {
53:                 printf("\n请输入需要删除的姓名:");
54:                 gets(name);
55:
56:                 ldel(name);
57:                 break;
58:             }
59:         }
60:     }while(ch!='0');
61: }
```

以上程序代码很长，其实就是显示一个菜单供用户选择，然后分别处理用户选择的多种情况。

第 6 行将全局指针变量 head 设置为 NULL。

第 7~60 行为一个大的循环，在该循环内显示菜单，接收用户选择，并分别进行处理。

第 9~15 行显示一个菜单供用户选择。

第 17 行接收用户的输入。

第 20~59 行根据用户选择的菜单不同，分别调用不同的链表函数，完成不同的功能。

程序运行结果：

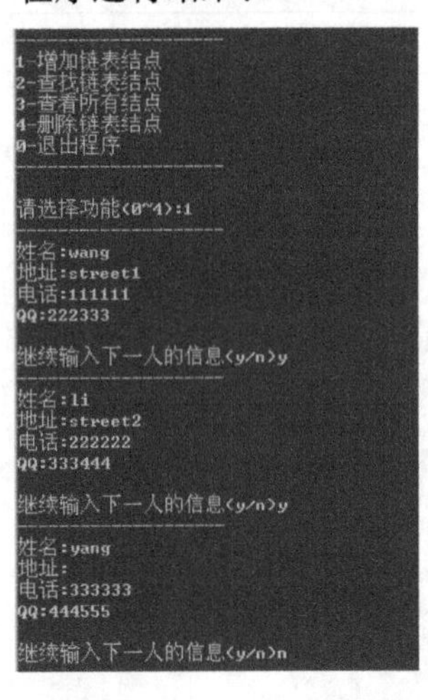

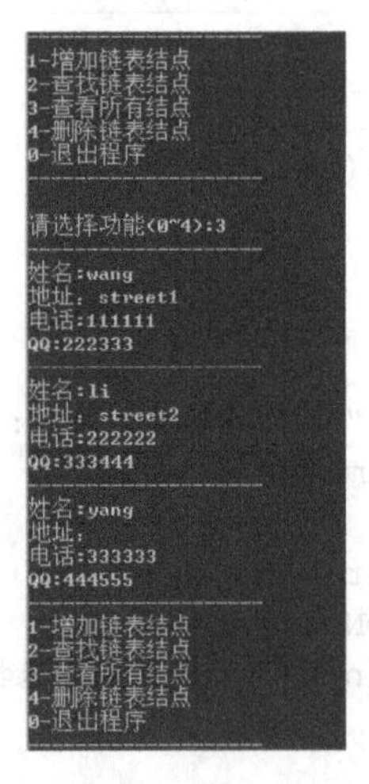

9.4　共用体类型的定义和使用

如果需要将不同类型的数据放到同一段内存单元中，例如将一个字符型变量、一个整型变量放在同一个地址开始的连续的内存区域中，用结构体是实现不了的。这时，可以使用 C 语言中的“共用体”。

“共用体”也是一种构造类型的数据结构。它允许不同长度不同类型的数据共享同一块存储空间，也就是大家共用一块内存区域，联合起来。所以，“共用体”又称“联合”。如果一个变量是“共用体”类型，在程序运行的不同时候，该变量可能是不同的类型和长度。在一个“共用体”内可以定义多种不同的数据类型，一个被说明为该“共用体”类型的变量中，允许装入该“共用体”所定义的任何一种数据。这在前面的各种数据类型中都是办不到的。例如，在程序的运行中，一个被定义为整型的变量永远只能装入整型数据，定义为字符型的变量永远只能装入字符数据。

9.4.1　定义共用体类型的语法

共用体和结构体相似，即要使用共用体时，一定要先定义一个共用体类型，再声明这种类型的变量。

定义一个共用体的语法形式为：

```
union 共用体名
{
    成员变量列表;
};
```

其中，union 为系统的关键字，其作用是通知系统，目前定义了一个为名为“共用体标识符”的共用体。成员变量可以是任何类型的变量。

例如：

```
union data
{
    int i;
    float f;
    char ch;
};
```

9.4.2　声明共用体类型变量

定义共用体类型变量的声明方法有三种：

1. 先声明共用体类型再定义变量名

```
union 共用体名
{
    成员变量列表;
};
union 共用体名 共用体变量名;
```

例如：

```
union data
{
    int i;
    float f;
    char ch;
};
union data a,b,c;
```

2. 在声明共用体类型的同时定义变量

```
union 共用体名
{
```

```
    成员变量列表;
}变量名列表;
```

例如：

```
union data
{
    int i;
    float f;
    char ch;
} a,b,c;
```

3. 直接定义共用体类型变量

```
union
{
    成员变量列表;
}变量名列表;
```

例如：

```
union
{
    int i;
    float f;
    char ch;
}a,b,c;
```

共用体表示几个变量共用一个内存位置，在不同的时间保存不同的数据类型和不同长度的变量。在 union 中，所有的共用体成员共用一个空间，并且只能存储其中一个成员变量的值。当一个共用体被说明时，编译程序自动地产生一个变量，其长度为联合中最大的变量长度。以上例而言，最大长度是 float 数据类型，所以 data 的内存空间就是 float 型的长度。

9.4.3 共用体类型变量的初始化

共用体可以在说明时进行初始化。在共用体变量说明的初始化部分要给出该共用体的第一个成员的初值，并用花括号将其括起来，即只能将共用体的第一个成员初始化，而且即使该初值只是一个常量表达式，也要用花括号将其括起来。

例如：

```
union
{
    int i;
    float f[3];
    char ch;
}a={5};
union
{
    float f[3];
    int i;
    char ch;
}a={{5.3,3.5,9.9}};
```

由这两个说明可以看出，如果要针对哪个成员进行初始化，那么就要将这个成员放在共用体说明的最前面。

9.4.4　共用体类型变量的赋值和使用

同结构体类似，共用体变量要先说明后引用。引用是不能直接引用共用体变量，而要引用共用体变量中的成员。

C 规定引用共用体成员有两种方式：用“.”成员运算符方式和指针方式。

“.”成员运算符方式引用共用体成员的形式为：

　　<共用体类型变量名>．<成员名>

通过共用体指针引用共用体成员的形式为：

　　共用体指针名->成员名

【示例 9.5】共用体类型变量的使用举例。

```
#include <stdio.h>
void main()
   {
      union
      {                              /*定义一个共用体*/
         int i;
         struct{                     /*在共用体中定义一个结构*/
            char first;
            char second;
         }half;
      }number;

      number.i=0x4241;               /*共用体成员赋值*/
      printf("%c%c\n", number.half.first, number.half.second);
      number.half.first='a';         /*共用体中结构成员赋值*/
      number.half.second='b';
      printf("%x\n", number.i);
      getchar();
   }
```

程序运行结果：

```
AB
6261
```

从上例结果可以看出，当给 i 赋值后，其低八位也就是 first 和 second 的值；当给 first 和 second 赋字符后，这两个字符的 ASCII 码也将作为 i 的低八位和高八位。共用体在任何时刻只有一个变量存在，其当前成员为最近一次“赋值”的结果。

结构和共用体的区别：

（1）结构和共用体都是由多个不同的数据类型成员组成，但在任何同一时刻，共用体中只存放了一个被选中的成员，而结构的所有成员都存在。

（2）对于共用体的不同成员赋值，将会对其他成员重写，原来成员的值就不存在了，而对于结构的不同成员赋值是互不影响的。

9.5 枚举类型

在实际应用中，有的变量只有几种可能取值。比如，人的性别只有两种可能取值，星期只有七种可能取值。在 C 语言中对这样取值比较特殊的变量可以定义为枚举类型。所谓枚举是指将变量的值一一列举出来，变量只限于列举出来的值的范围内取值。

定义一个变量是枚举类型，可以先定义一个枚举类型名，然后再说明这个变量是该枚举类型。例如：

```
enum weekday{sun,mon,tue,wed,thu,fri,sat};
```

定义了一个枚举类型名 enum weekday，然后定义变量为该枚举类型。例如：

```
enum weekday day;
```

当然，也可以直接定义枚举类型变量。例如：

```
enum weekday{sun,mon,tue,wed,thu,fri,sat} day;
```

其中，sum,mon,…,sat 等称为枚举元素或枚举常量，它们是用户定义的标识符。需要说明的有以下几点：

（1）枚举元素不是变量，而是常数，因此枚举元素又称枚举常量。因为是常量，所以不能对枚举元素进行赋值。

（2）枚举元素作为常量，它们是有值的，C 语言在编译时按定义的顺序使它们的值为 0,1,2,…。在上面的说明中，sun 的值为 0，mon 的值为 1，…，sat 的值为 6，如果有赋值语句 day=mon;，则 day 变量的值为 1。当然，这个变量值是可以输出的。

```
printf("%d",day);
```

将输出整数 1。

（3）如果在定义枚举类型时指定元素的值，也可以改变枚举元素的值。例如：

```
enum weekday{sun=7,mon=1,tue,wed,thu,fri,sat}day;
```

这时，sun 为 7，mon 为 1，以后元素顺次加 1，所以 sat 就是 6 了。

（4）枚举值可以用来作判断。例如：

```
if(day==mon) {…}
if(day>mon) {…}
```

枚举值的比较规则：按其在说明时的顺序号比较，如果说明时没有人为指定，则第一个枚举元素的值认作 0。例如，mon>sun，sat>fri。

（5）一个整数不能直接赋给一个枚举变量，必须强制进行类型转换才能赋值。例如：

```
day=(enum weekday)2;
```

这个赋值的意思是，将顺序号为 2 的枚举元素赋给 day，相当于

```
workday=tue;
```

【示例 9.6】从键盘输入一个整数，显示与该整数对应的枚举常量的英文名称。

```
#include<stdio.h>
void main()
{
    enum weekday {sun,mon,tue,wed,thu,fri,sat} day;
    int k;
    printf("input a number(0--6)");
    scanf("%d",&k);
    day=(enum weekday)k;
```

```
    switch(day)
    {
        case sun:  printf("sunday\n");break;
        case mon:  printf("monday\n");break;
        case tue:  printf("tuesday\n");break;
        case wed:  printf("wednesday\n");break;
        case thu:  printf("thursday\n");break;
        case fri:  printf("friday\n");break;
        case sat:  printf("satday\n");break;
        default:  printf("input error\n");break;
    }
}
```

程序运行结果：

```
input a number(0--6)1
monday
```

在该程序中，枚举常量与枚举变量可以进行比较，但要输出枚举常量对应的英文单词，不能使用以下语句：

```
printf("%s",mon);
```

因为枚举常量 mon 为整数值，而非字符串。在使用枚举变量时，主要关心的不是它的值的大小，而是其表示的状态。

9.6　用 typedef 定义类型

可以用 typedef 定义新的类型名代替已有的类型名。如：typedef int INTEGER; 指定用 INTEGER 代表 int 类型。这样 int i,j;等价于 INTEGER i,j;。

如果在一个程序中，一个整型变量用来计数，可以将变量定义为 COUNT 为 int 型：

```
typedef int COUNT;
COUNT i,j;
```

定义一个新的类型的方法如下：

（1）先按定义变量的方法写出定义体（如 int i;）。

（2）将变量名换成新类型名（如将 i 换成 COUNT）。

（3）在最前面加 typedef（如 typedef int COUNT;）。

（4）可以用新类型名定义变量。

typedef 同样可用来说明结构、联合以及枚举。

说明一个结构的格式为：

```
typedef struct
{
    数据类型 成员名;
    数据类型 成员名;
    ...
} 结构名;
```

此时可直接用结构名定义结构变量。

例如：

```
typedef struct person
{
    char name[10];
    char addr[20];
    char tele[10];
    char qq[10];
    struct person *next;
}PERSON;
```

PERSON *head; 相当于 struct person *head;，则 head 被定义为结构指针变量。

说明：

（1）用 typedef 可以定义各种类型名，但不能用来定义变量。

（2）用 typedef 只是对已经存在的类型增加了一个类型名并没有创造新的类型。

（3）typedef 和 #define 有相似之处，但#define 只能作简单的字符串替换，而 typedef 是采用定义变量的方法定义一个类型。

（4）当不同的源文件用到同一数据类型（像结构体、共同体）时，常用 typedef 定义一些数据类型，把它们单独放到一个文件中，需要它们时用 #define 把它们包含进来。

小结

（1）结构是由不同数据类型的数据组成的集合，这些数据称为结构成员。结构成员是通过运算符“.”来进行存取处理的。结构的使用为处理复杂的数据结构，特别是动态数据结构提供了手段，而且，它们为函数间传递不同类型的数据提供了便利。

（2）联合与结构在定义、说明和使用的形式上是一致的，然而，联合的成员是相互覆盖的。换句话说，它们共享存储空间。联合是一个节省存储空间的方法。

（3）枚举是由若干相关项集合的一种数据结构，枚举元素是由不同的标识符组成的。

（4）用 typedef 定义新的类型名代替已有的类型名。

作业

1. 编写一个程序，用于创建一个结构 book，用来存储书的信息：书名、作者姓名、页数和价格。接收用户输入的值并显示这些值。

2. 编写一个程序，求学生的总成绩和平均成绩，并统计不及格的人数。

3. 分析下面程序的输出结果。

```
#include <stdio.h>
void main()
{
    enum weekday
    { sun,mon,tue,wed,thu,fri,sat } a,b,c;
    a=sun;
    b=mon;
    c=tue;
    printf("%d,%d,%d",a,b,c);
}
```

第10章 文　件

学习目标：

- 理解为什么要使用文件。
- 会调用常用的文件函数。
- 熟练掌握文件的打开和关闭。
- 熟练掌握文件的定位与随机读/写。

完成任务：

继续扩展学生成绩管理系统，把学生的信息及成绩写入到文件中，并能按一定条件进行删除。

10.1　文件应用的必要性

在前面章节介绍的程序中，数据均是从键盘输入的，在程序运行时，程序本身和数据一般都存放在内存中。当程序运行结束后，把相应的处理结果输出均送至显示器显示，同时存放在内存中的数据被释放。在实际应用中，仅用此种方式进行数据的输入/输出是不够的，有时需要借助于外部存储设备才能使数据长期保存。如果需要长期保存程序运行所需的原始数据，或程序运行产生的结果，就必须以文件形式存储到外部存储介质上。

10.2　文件概述

10.2.1　文件的概念

所谓“文件”，是指一组相关数据的有序集合。为标识一个文件，每个文件都必须有一个文件名，其一般结构为：文件名.扩展名。文件名命名规则，遵循操作系统的约定。实际上在前面的各章中已经多次使用了文件，例如源程序文件、目标文件、可执行文件、库文件（头文件）等。

通常情况下文件是存储在外部介质上的。这里所说的外部介质，也称外存，是指传统意义上的存储设备，例如硬盘、U盘、光盘等。因此文件通常又称磁盘文件。

计算机的外存可以存储许多文件，每个文件都有一个与之对应的文件名，操作系统是以文件为单位来对数据进行管理的。如果想使用存储在外存上的数据，必须先按文件名查找到所指定的文件，然后才能从该文件中读取数据；如果想在外存上保存数据，必须事先创建一个文件，然后才能向该文件输出数据，进而实现保存数据的目的。

例如，硬盘上存储了“学生成绩信息.doc”这个Word文件，在这个文件当中记录了班级所有学生的基本信息和成绩信息。显示姓名为"张三"这个学生的基本信息和成绩信息。 要想实现信息显示的基本步骤：

（1）在硬盘中找到"学生成绩信息.doc"文件。

（2）打开此文件。

（3）输入查找姓名"张三" 。

（4）显示"张三"这个学生的基本信息和成绩信息。

（5）关闭文件。

由此可见，由于数据文件的引入，既能从文件中读取数据，又能把数据写入文件，不仅方便了数据存储，更有利于数据的反复使用，使得数据文件被广泛采用。

10.2.2 文件的分类

在C语言中，文件常被看作字符（或字节）的序列，即文件是由一个个的字符（或字节）按一定的顺序组成的，这里的字符（或字节）序列被称之为字节流。文件以字节为单位进行处理，并不区分类型这样能增强数据处理的灵活性，输入/输出字节流的开始和结束只受程序的控制而不受物理符号（如回车换行符等）的限制，通常也把这种文件称就流文件。

可以从不同角度对文件进行分类：

（1）根据文件的读/写形式，可分为顺序读/写文件和随机读/写文件。

所谓读文件，是指将磁盘文件中的数据传递送到计算机内存的操作。

所谓写文件，是指从计算机内存向磁盘文件中传送数据的操作。

顺序读/写文件是指按从头到尾的顺序读出或写入的文件。例如，从学生成绩的文件中读取数据，顺序读取时必须是先读第一个学生的数据信息，再读取第二个学生的数据信息，……，而不能随意读取所需要的某个学生的数据。随机读/写文件，是指可以读/写文件中任意所需要的字符。

（2）根据文件编码的方式，可分为ASCII码文件和二进制文件。

以ASCII字符形式存储的文件称为ASCII文件，也称为文本文件，这种文件在磁盘中存放时每个字符对应一个字节。虽然此时处理字符比较方便，但文本文件一般占用较大的存储空间。C语言中所有的源程序文件（扩展名为.c的文件）也是文本文件，在常用的Windows XP操作系统中，使用"附件"下的"记事本"创建出来的文件也是文本文件。但是Word文档（其扩展名为.doc的文档）却不是文本文件，这点需要区别。

例如，数 5678 的存储形式为：

ASCII 码：　　00110101　00110110　00110111　00111000

十进制码：　　5　6　7　8

共占用 4 个字节。ASCII码文件可在屏幕上按字符显示。例如，源程序文件就是 ASCII 文件，用 DOS 命令 TYPE 可显示文件的内容。由于是按字符显示，因此能读懂文件内容。

二进制文件是按二进制的编码方式来存放文件的。

例如， 数 5678 的存储形式为：

00010110 00101110

只占二个字节。二进制文件虽然也可在屏幕上显示，但其内容无法读懂。C 系统在处理这些文件时，并不区分类型，都看成字符流，按字节进行处理。

（3）从用户的角度来看，可分为普通文件和设备文件两种。

普通文件是指驻留在磁盘或其他外部介质上的一个有序数据集，可以是源文件、目标文件、可执行程序；也可以是一组待输入处理的原始数据，或者是一组输出的结果。对于源文件、目标文件、可执行程序可以称作程序文件，对输入/输出数据可称作数据文件。

设备文件是指与主机相连的各种外围设备，如显示器、打印机、键盘等。在操作系统中，把外围设备也看作一个文件来进行管理，把它们的输入和输出等同于对磁盘文件的读和写。通常把显示器定义为标准输出文件，一般情况下在屏幕上显示有关信息就是向标准输出文件输出。如前面经常使用的 printf()、putchar() 函数就是这类输出。键盘通常被指定标准的输入文件，从键盘上输入就意味着从标准输入文件上输入数据。scanf()、getchar() 函数就属于这类输入。

（4）根据文件的处理方法，可分为缓冲文件系统和非缓冲文件系统。

在实际上，计算机在处理文件的读/写操作时将程序的输入数据/输出结果这些数据先是从内存中的程序数据区输出到内存中的缓冲区暂时存放，当该缓冲区装满后，数据才被整块送到外存储器的文件中，如图 10-1 所示。

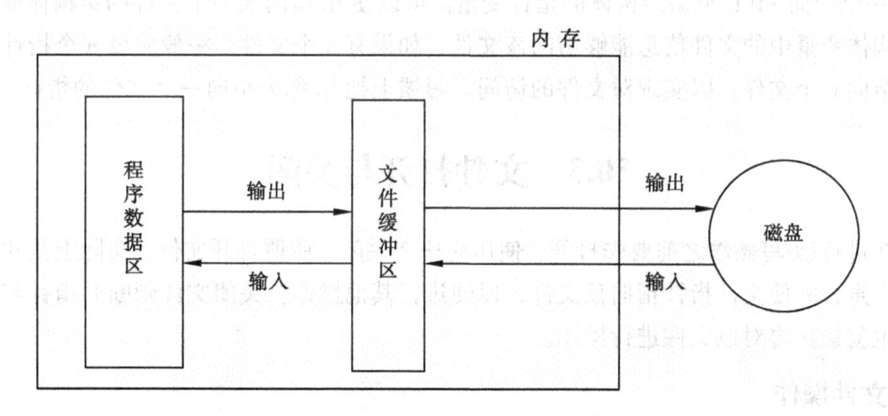

图 10-1 数据读/写过程

文件缓冲区是内存中的一块区域，用于进行文件读/写操作时数据暂存，缓冲区的大小一般因机器的不同而不同。

缓冲文件系统：系统自动地在内存区为每一个正在使用的文件开辟一个缓冲区。用缓冲文件系统进行的输入/输出又称为高级磁盘输入/输出。

非缓冲文件系统：系统不自动开辟确定大小的缓冲区，而由程序为每个文件设定缓冲区。用非缓冲文件系统进行的输入/输出又称低级输入/输出系统。

10.2.3 文件指针

C 语言中文件通常流式文件的方式打开、关闭、读、写、定位等各种操作。这种流式的方式方法，是通过文件指针实现的。文件指针是一个指针变量指向一个文件，这个指针称为文件指针。通过文件指针就可以对它所指的文件进行各种操作。

定义说明文件指针的一般形式为：

```
FILE * 指针变量标识符;
```

其中，FILE 大写，它实际上是由系统定义的一个结构，存在 stdio.h 文件中有以下的文件类型声明：

```
typedef struct
```

```
    {
      shortlevel;               /*缓冲区"满"或"空"的程度*/
      unsignedflags;            /*文件状态标志*/
      charfd;                   /*文件描述符*/
      unsignedcharhold;         /*如无缓冲区不读取字符*/
      shortbsize;               /*缓冲区的大小*/
      unsignedchar*buffer;      /*数据缓冲区的位置*/
      unsignedar*curp;          /*指针，当前的指向*/
      unsignedistemp;           /*临时文件，指示器*/
      shorttoken;               /*用于有效性检查*/
    }FILE;
```

该结构中含有文件名、文件状态和文件当前位置等信息。在编写源程序时不必关心 FILE 结构的细节。在缓冲文件系统中,每个被使用的文件都要在内存中开辟一 FILE 类型的区,存放文件的有关信息。通常用

```
FILE *fp;
```

表示 fp 是一个指向 FILE 类型结构体的指针变量。可以使 fp 指向某一个文件的结构体变量，从而通过该结构体变量中的文件信息能够访问该文件。如果有 n 个文件，一般应设 n 个指针变量，使它们分别指向 n 个文件，以实现对文件的访问。习惯上把 fp 称为指向一个文件的指针。

10.3 文件打开与关闭

文件在进行读/写操作之前要先打开，使用完毕要关闭。所谓打开文件，实际上是建立文件的各种有关信息，并使文件指针指向该文件，以便进行其他操作。关闭文件则断开指针与文件之间的联系，也就禁止再对该文件进行操作。

10.3.1 文件操作

通过程序对文件进行操作，实现从文件中读取数据或向文件中写入数据。一般步骤如下：

（1）建立或打开文件。

（2）从文件中读取数据或向文件中写入数据。

（3）关闭文件。

这三步和日常生活中的看书的过程相似。假设看书之前书本是合上的，如果想看书，则须先打开书本；接下来在看书过程中才可以阅读，或做读书笔记，就相当于对文件进行读/写操作；书读完会把书合上。所以说，打开文件是对文件进行读/写的前提。

在 C 语言中，文件操作都是由库函数来完成的。

10.3.2 文件的打开（fopen()函数）

ANSI C 规定了标准输入/输出函数库，用 fopen()函数来实现打开文件。fopen()函数的调用方式通常为：

```
FILE *fp;
文件指针名=fopen(文件名,使用文件方式);
```

其中，“文件指针名”必须是被说明为 FILE 类型的指针变量；“文件名”是被打开文件的文件名；“使用文件方式”是指文件的类型和操作要求。“文件名”是字符串常量或字符串数组。

例如：

```
FILE *fp;
fp=fopen("fileTest","r");
```

其意义是在当前目录下打开文件 fileTest，只允许进行“读”操作，并使 fp 指向该文件。

例如：

```
FILE *fphzk
fphzk= fopen ("D:\\Project","rb")
```

其意义是打开 C 驱动器磁盘的根目录下的文件 Project，这是一个二进制文件，只允许按二进制方式进行读操作。两个反斜线“\\ ”中的第一个表示转义字符，第二个表示根目录。使用文件的方式共有 12 种，表 10-1 所示为它们的符号和意义。

表 10-1　文件使用方式

文件使用方式	指定文件不存在	指定文件存在	含　义
R（读写）	出错	正常打开	为输入打开一个文本文件
w（只写）	建立新文件	文件原来内容丢失	为输出打开一个文本文件
a（追加）	出错	在文件原有内容后追加	向文本文件尾添加数据
rb（只读）	出错	正常打开	为输入打开一个二进制文件
wb（只写）	建立新文件	文件原来内容丢失	为输出打开一个二进制文件
ab（追加）	出错	在文件原有内容后追加	向二进制文件尾添加数据
R+（读写）	出错	正常打开	为读写打开一个文件文件
w+（读写）	建立新文件	正常打开	为读/写建立一个新的文本文件
a+（读写）	出错	正常打开	为读/写打开一个文本文件
rb+（读写）	出错	正常打开	为读/写打开一个二进制文件
wb+（读写）	建立新文件	正常打开	为读/写建立一个新的二进制文件
ab+（读写）	出错	正常打开	为读/写打开一个二进制文件

根据函数 fopen()函数的返回值，可以判断文件是否已被正确打开。当出现下述中任何一种情况时，文件将不能正确被打开。

（1）用 r 方式打开一个并不存在的文件。

（2）磁盘读/写错误。

（3）在新建文件时，由于当前的磁盘空间不足，剩余的存储空间不足以创建新文件。

当上述情况发生时，函数 fopen()将返回一个空指针（NULL）表示出错。请注意，在编程时首先就要考虑文件能不能被正常被打开，这时通常采用下列这种带 if 结构的程序段来打开文件，这样做能增强程序的灵活性及时纠错能力。

【示例 10.1】文件打开代码。

```
FILE *fp
if(fp=fopen("D:\\Project","rb"))==NULL)
{
   printf("不可能打开这个文件");
   exit(0);
}
```

这段程序的意义是：如果返回的指针为空，表示不能打开 D 盘根目录下的 Project 文件，则给出提示信息“不可能打开这个文件”。

关于 exit() 函数的说明：

（1）用法：`void exit([程序状态值]);`

（2）功能：关闭已打开的所有文件，结束程序运行，返回操作系统，并将“程序状态值”返回给操作系统。当“程序状态值”变为0时，表示程序正常退出；非0值时，表示程序出错退出。

对于文件使用方式有以下几点说明：

（1）文件使用方式由 r、w、a、t、b，+共6个字符拼成，各字符的含义是：

r（read）：读。

w（write）：写。

a（append）：追加。

t（text）：文本文件，可省略不写。

b（binary）：二进制文件。

+读和写。

（2）凡用“r”打开一个文件时，该文件必须已经存在，且只能从该文件读出。

（3）“w”打开的文件只能向该文件写入。若打开的文件不存在，则以指定的文件名建立该文件，若打开的文件已经存在，则将该文件删去，重建一个新文件。

（4）若要向一个已存在的文件追加新的信息，只能用“a”方式打开文件。但此时该文件必须是存在的，否则将会出错。

（5）在打开一个文件时，如果出错，fopen()函数将返回一个空指针值 NULL。在程序中可以用这一信息来判别是否完成打开文件的工作，并作相应的处理。因此常用示例10.1程序段打开文件。

10.3.3 文件的关闭（fclose()函数）

文件一旦使用完毕，应用关闭文件函数把文件关闭，以避免文件的数据丢失等错误。与文件打开操作相对应，文件使用之后应关闭。关闭文件完成以下工作：

（1）如果文件以“写”或“读写”方式打开，则把缓冲区中未存入文件的数据存储到文件中，并在文件末尾加入文件结束符-1。

（2）解除文件指针变量与文件关联，文件指针变量可另作它用。

（3）释放文件缓冲区。

fclose()函数调用的一般形式是：

```
fclose(文件指针);
```

例如：

```
fp = fopen("D:\\Project","rb")
...
fclose(fp);/*关闭 fp 所指向的文件*/
```

正常完成关闭文件操作时，fclose()函数返回值为 0。如返回非零值则表示有错误发生。

10.4 文件的顺序读/写

文件打开之后，对文件的读和写是最常用的文件操作。在C语言中提供了多种文件读写的函数：

字符读/写函数：fgetc() 和 fputc()。

字符串读/写函数：fgets() 和 fputs()。

数据块读/写函数：freed() 和 fwrite()。

格式化读/写函数：fscanf() 和 fprinf()。

使用以上函数要求包含头文件 stdio.h。字符读/写函数 fgetc() 和 fputc()是以字符（字节）为单位的读/写函数。每次可从文件读出或向文件写入一个字符。

10.4.1 读/写文件中的一个字符

1. 将一个字符写到文件中（fputc()函数）

【示例 10.2】将键盘上输入的一个字符串（以!@!作为结束字符），以 ASCII 码形式存储到一个磁盘文件中。

```
/*使用格式：可执行文件名 要创建的磁盘文件名*/
#include !stdio.h!
#include <stdlib.h>
#include <stdio.h>
void main()
{
    FILE *fp;
    char ch;
    if ((fp=fopen("d:\\t.txt","w"))==NULL)     /*打开文件失败*/
    {
       printf("can not open this file\n");
       exit(0);
    }
     /*输入字符，并存储到指定文件中*/
    for( ; (ch=getchar()) != '@' ; )
    fputc(ch,fp);  /*输入字符并存储到文件中*/
    fclose(fp);    /*关闭文件*/
}
```

程序运行结果：

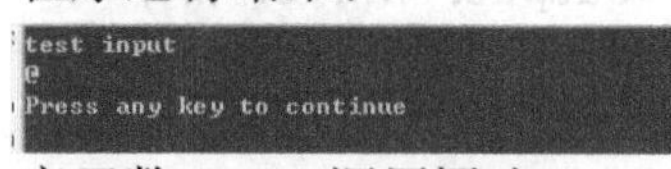

库函数 fputc()调用语法：

```
int  fputc(字符数据,文件指针);
```

其中，字符数据既可以是字符常量，也可以是字符变量。

功能：将字符数据输出到文件指针所指向的文件中去，同时将读写位置指针向前移动 1 个字节（即指向下一个写入位置）。如果输出成功，则函数返回值就是输出的字符数据；否则，返回一个符号常量 EOF（其值在头文件 stdio.h 中，被定义为-1）。

2. 从文件中读入一个字符——fgetc()函数和 feof()函数

【示例 10.3】顺序显示一个磁盘 ASCII 码文件。

```
#include <stdlib.h>
#include <stdio.h>
void main()
{
    FILE *fp;
    char ch;
```

```
    if((fp=fopen("d:\\t.txt","r"))==NULL)
    {
        printf("can not open source file\n");
        exit(0);
    }
    /*顺序输出文件的内容*/
    for(; (ch=fgetc(fp))!=EOF; )
    putchar(ch);        /*顺序读入并显示*/
    fclose(fp);         /*关闭打开的文件*/
}
```

程序运行结果：

```
test input
Press any key to continue
```

库函数 fgetc()调用语法：

```
int  fgetc(文件指针);
```

功能：从文件指针所指向的文件中，读入一个字符，同时将读写位置指针向前移动 1 个字节（即指向下一个字符）。该函数无出错返回值。

例如，fgetc(fp)表达式从文件 fp 中读一个字符，同时将 fp 的读写位置指针向前移动到下一个字符。关于符号常量 EOF 在对 ASCII 码文件执行读入操作时，如果遇到文件尾，则读操作函数返回一个文件结束标志 EOF（其值在头文件 stdio.h 中被定义为-1）。在对二进制文件执行读入操作时，必须使用库函数 feof()来判断是否遇到文件尾。

【示例 10.4】实现制作 ASCII 码文件副本的功能。

```
#include <stdlib.h>
#include <stdio.h>
void main()
{
    FILE *input, *output; /* input: 源文件指针, output: 目标文件指针 */

    if((input=fopen("d:\\source.txt","r"))==NULL)   /*打开源文件失败*/
    {
        printf("不能打开源文件\n");
        exit(0);
    }
    if((output=fopen("d:\\target.txt","w"))==NULL)   /*创建目标文件失败*/
    {
        printf("不可能创建目标文件\n");
        exit(0);
    }
    /*复制源文件到目标文件中*/
    for(;(!feof(input));)
        fputc(fgetc(input),output);
    fclose(input);
    fclose(output); /*关闭源文件和目标文件*/
}
```

程序运行结果：

查看 source.txt 里面存储内容，经过此示例程序后，会从源文件 source.txt 中读取内容写入到目标文件 target.txt 中。

库函数 feof ()调用语法：

```
int  feof (文件指针);
```

功能：在执行读文件操作时，如果遇到文件尾，则函数返回逻辑真（1）；否则，则返回逻辑假（0）。feof()函数同时适用于 ASCII 码文件和二进制文件。例如，!feof(input))表示源文件（用于输入）未结束，循环继续。

【示例 10.5】fputc()和 fgetc()函数使用举例：实现从键盘输入一些字符，逐个把它们送到磁盘上去，直到输入一个“#”为止。

```
#include <stdlib.h>
#include <stdio.h>
void main(void)
{
    FILE *fp;
    char ch,filename[10];
    scanf("%s",filename);
    if((fp=fopen(filename,"w"))==NULL)
    {
        printf("cannot open file\n");
        exit(0);    /*终止程序*/
    }
    ch=getchar(); /*接收执行 scanf 语句时最后输入的回车符*/
    ch=getchar(); /* 接收输入的第一个字符 */
    while(ch!='#')
    {
        fputc(ch,fp);
        putchar(ch);
        ch=getchar();
    }
    fclose(fp);
}
```

程序运行结果：

在当前工程内会找到一个文件名为“fileName.txt”的文件，把输入的“test input str!”这个字符串写到此文件内。输出到屏幕结果如下：

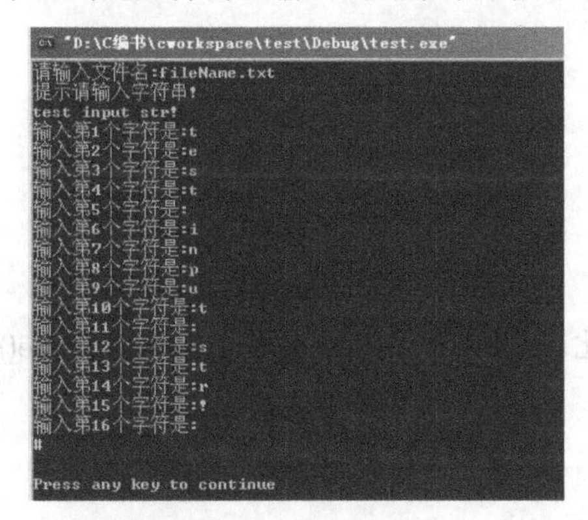

10.4.2 读/写一个字符串——（fgets()和 fputs()）

【示例 10.6】将从键盘上输入的长度小于 20 的字符串写到文件中。

```
#include <stdio.h>
void main()
{
    FILE *fp;
    char st[20];
    if((fp=fopen("testa.txt","w"))==NULL)
    {
        printf("Cannot open this file !");
        return;
    }
    printf("input a string:\n");
    scanf("%s",st);                          /*输入一个字符串*/
    fputs(st,fp);                            /*将字符串写入到文件中去*/
    fclose(fp);
}
```

程序运行结果：

```
input a string:
test input result
Press any key to continue
```

到工程目录中找到 testa.txt 文件，查看写入内容是否正确。

【示例 10.7】从给定的文件中读入一个含 10 个字符的字符串。

```
#include <stdio.h>
void main()
{
    FILE *fp;
    char str[30];
    if((fp=fopen("testa.txt","r"))==NULL)
    {
        printf("Cannot open file strike any key exit!");
        return;
    }
    fgets(str,11,fp);
    printf("%s\n",str);
    fclose(fp);
}
```

程序运行结果：

```
abcdefghri
Press any key to continue
```

10.4.3 读/写一个数据块（fread()和 fwrite()）

实际应用中，常常要求一次读/写一个数据块。为此，ANSI C 标准设置了 fread()和 fwrite()函数。fread()和 fwrite()函数一般用于二进制文件的处理。

1. fread()函数

调用语法

```
int fread(void *buffer,intsize,intcount,FILE *fp);
```

参数说明：

buffer：是一个指针。对 fread 来说，它是读入数据的存放地址。对 fwrite 来说，是要输出数据的地址（均指起始地址）。

size：要读写的字节数。

count：要进行读写多少个 size 字节的数据项。

fp：文件型指针。

fread()从 fp 所指向文件的当前位置开始，一次读入 size 个字节，重复 count 次，并将读入的数据存放到从 buffer 开始的内存中；同时，将读写位置指针向前移动 size* count 个字节。其中，buffer 是存放读入数据的起始地址（即存放何处）。

2．fwrite ()函数

调用语法

```
int fwrite(void *buffer,intsize,int count,FILE *fp);
```

参数说明同上。

fwrite()从 buffer 开始，一次输出 size 个字节，重复 count 次，并将输出的数据存放到 fp 所指向的文件中；同时，将读写位置指针向前移动 size* count 个字节。其中，buffer 是要输出数据在内存中的起始地址（即从何处开始输出）。如果调用 fread()或 fwrite()成功，则函数返回值等于 count。

若文件以二进制形式打开：

```
fread(f,4,2,fp);
```

此函数表示从 fp 所指向的文件中读入 2 个 4 个字节的数据，存储到数组 f 中。

【示例 10.8】从键盘输入 4 个学生的有关数据，然后把它们转存到磁盘文件上去。

```
#include <stdlib.h>
#include <string.h>
#include <stdio.h>
#define SIZE 4
struct student_type
{
    char name[10];
    int num;
    int age;
    char addr[15];
}stud[SIZE];                                    /*定义结构*/
void save( )
{
    FILE *fp;
    int i;
    if((fp=fopen("fileName.txt","wb"))==NULL)
    {
        printf("cannot open file\n");
        return;
    }
    for(i=0;i<SIZE;i++)                         /*二进制写*/
        if(fwrite(&stud[i],sizeof(struct student_type),1,fp)!=1)
            printf("file write error\n"); /*出错处理*/
```

```
    fclose(fp);
}                                              /*关闭文件*/
void main()
{
    int i;
    for(i=0;i<SIZE;i++)                    /*从键盘读入学生信息*/

scanf("%s%d%d%s",stud[i].name,&stud[i].num,&stud[i].age,stud[i].addr);
    save( );
}                                          /*调用 save()保存学生信息*/
```

程序运行结果：

查看此项目所在文件夹内的 fileName.txt 中的内容。屏幕中显示如下所示：

```
zhangsan 001 20 001
lisi     002 19 002
wulin    003 19 003
lixiang  004 20 0012313
Press any key to continue
```

10.5 文件的定位与随机读/写

对文件操作，在实际应用中也常常会遇到这样的情况：需要快速读/写文件中的某一指定内容。比如，一篇 Word 文档，想查文档中一部分内容，怎么办？肯定不能一行一行寻找，Word 软件帮助提供了搜索功能，利用此功能能快速定位到要查找内容，然后对找到内容可以进行其他操作。

C 语言中，针对文件中有一个读写位置指针，指向当前的读写位置。每次读写一个（或一组）数据后，系统自动将位置指针移动到下一个读写位置上。如果想改变系统这种读写规律，可使用有关文件定位的函数，常用的 rewind()和 fseek()等。

10.5.1 位置指针复位函数 rewind()

Rewind()函数调用的一般形式是：

```
int  rewind(文件指针);
```

其作用是把文件内部的位置指针重新移到文件开头处。

【示例 10.9】rewind()函数使用举例。

在当前工程有 source.txt 和 target.txt 两个文本文件，在 source.txt 文件中存储了 test 字符串的信息，现把 source.txt 文件中的 test 字符串复制到 target.txt 文件中。

```
#include <stdlib.h>
#include <stdio.h>
void find( )
{
    FILE *fp,*fpt;
    if((fp=fopen("source.txt","r"))==NULL)
    {
        printf("cannot open  source.txt file\n");
        return;
    }
    if((fpt=fopen("target.txt","w"))==NULL)
    {
```

```
        printf("cannot open target.txt file\n");
        return;
    }
    while(!feof(fp))
    {
        fputc(fgetc(fp),fpt);
    }
    rewind(fpt);
    while(!feof(fp))
    {
        putchar(fgetc(fp));
    }
    fclose(fp);
    fclose(fpt);
}
void main()
{
    find();
}
```

程序运行结果：

查看 target.txt 文件中复制内容。

10.5.2　随机位置指针函数 fseek()

对于流式文件，既可以顺序读写，也可随机读写，关键在于控制文件的位置指针。所谓顺序读写，是指读写完当前数据后，系统自动将文件的位置指针移动到下一个读写位置上。所谓随机读写，是指读写完当前数据后，可通过调用 fseek()函数，将位置指针移动到文件中任何一个地方。

fseek 函数调用的一般形式是：

```
int  fseek(文件指针,位移量,参照点);
```

其作用是将指定文件的位置指针，从参照点开始，移动指定的字节数。

（1）参照点：用 0 （文件头）、1（当前位置）和 2 （文件尾）表示。

在 ANSI C 标准中，还规定了下面的名字：

SEEK_SET——文件头。

SEEK_CUR——当前位置。

SEEK_END——文件尾。

（2）位移量：以参照点为起点，向前（当位移量>0 时）或后（当位移量< 0 时）移动的字节数。在 ANSI C 标准中，要求位移量为 long int 型数据。 fseek()函数一般用于二进制文件。

【示例 10.10】实现从 source 文件中读出学号为奇数的学生信息。

```
#include <stdio.h>
#define SIZE 4
struct student_type
{
    char name[10];
    int num;
    int age;
}stu[SIZE];
```

```
void save()//保存学生的基本信息
{
    FILE *fp;
    int i;
    if((fp=fopen("source","wb"))==NULL)
    {
        printf("cannot open file\n");
        return;
    }
    for(i=0;i<SIZE;i++)
        if(fwrite(&stu[i],sizeof(struct student_type),1,fp)!=1)
            printf("file write error\n");
            fclose(fp);
}
void find() //查找学号为奇数的学生信息
{
    int i;
    FILE  *fp;
    if((fp=fopen("source","rb"))==NULL)
    {
        printf("cannot open file\n");
        return;
    }
   for(i=0;i<SIZE;i+=2)
    {
        fseek(fp,i*sizeof(struct student_type),0);
        fread(&stu[i], sizeof(struct student_type),1,fp);
        printf("%s %d %d %c\n",stu[i].name,stu[i].num,stu[i].age);
    }
    fclose(fp);

}
void main()
{
    int i;
    for(i=0;i<SIZE;i++)
    scanf("%s%d%d%s",stu[i].name,&stu[i].num,&stu[i].age);
    save();
    printf("\n查找学号为奇数的学生信息");
    find();
}
```

程序运行结果：

```
test1 1 1
test2 2 2
test3 3 3
test4 4 4
end

查找test1 1 1 Ç
test3 3 3 Ç
Press any key to continue_
```

10.5.3 返回文件当前位置的函数 ftell()

由于文件的位置指针可以任意移动，也经常移动，往往容易迷失当前位置，ftell()可以解决这个问题。

ftell 函数调用的一般形式：

```
long ftell(文件指针);
```

其作用是返回文件位置指针的当前位置（用相对于文件头的位移量表示）。如果返回值为-1L，则表明调用出错。

例如：

```
offset=ftell(fp);
if(offset==-1L)printf("ftell() error\n");
```

10.5.4 ferror()函数

在调用输入/输出库函数时，如果出错，除了函数返回值有所反映外，也可利用 ferror()函数来检测。

Ferror()函数调用的一般形式是：

```
int ferror(文件指针);
```

其作用是如果函数返回值为 0，表示未出错；如果返回一个非 0 值，表示出错。

（1）对同一文件，每次调用输入/输出函数均产生一个新的 ferror()函数值。因此在调用了输入/输出函数后，应立即检测，否则出错信息会丢失。

（2）在执行 fopen()函数时，系统将 ferror()的值自动置为 0。

10.5.5 文件结束检测函数 feof()

Feof()函数调用的一般形式是：

```
void feof(文件指针);
```

其作用是判断文件是否处于文件结束位置，如文件结束，则返回值为 1，否则返回值为 0。

10.5.6 clearerr()函数

Clearer()函数调用的一般形式是：

```
void clearerr(文件指针);
```

其作用是将文件错误标志（即 ferror()函数的值）和文件结束标志（即 feof()函数的值）置为 0。对同一文件，只要出错就一直保留，直至遇到 clearerr()函数或 rewind()函数，或其他任何一个输入/输出库函数。C 语言中常用的文件函数如表 10-2 所示。

表 10-2 常用的文件函数

分 类	函 数 名	功 能
打开文件	fopen()	打开文件
关闭文件	fclose()	关闭文件
文件定位	fseek()	改变文件位置指针的位置
	rewind()	使文件位置指针重新置于文件开头
	fttell()	返回文件位置指针的当前值
文件读写	fgetc()、getc()	从指定文件取得一个字符
	fputc()、putc()	把字符输出到指定文件
	fgets()	从指定文件读取字符串
	fputs()	把字符串输出到指定文件
	getw()	从指定文件读取一个字符（int 型）

续表

分　　类	函　数　名	功　　　　能
文件读/写	putw()	把一个字符（int 型）输出到指定文件
	fread()	从指定文件中读取数据项
	fwrite()	把数据项写到指定文件
	fscanf()	从指定文件按格式输入数据
	fprintf()	按指定格式将数据写到指定文件中
文件状态	feof()	若到文件末尾，函数值为“真（非 0）”
	ferror()	若对文件操作出错，函数值为“真（非 0）”
	clearerr()	使 ferror()和 feof()函数值置 0

小　结

（1）文件是指一组相关数据的有序集合。

（2）C 语言对文件的操作一般包括文件打开与关闭、文件的定位、文件顺序读/写与随机读/写及文件操作出错检测。

（3）C 语言常用的对文件操作的库函数的调用及使用。

作　　业

1. 选择题

（1）下列关于 C 语言文件的叙述正确的是（　　）。

A. 文件由 ASCII 码字符序列组成，C 语言只能读/写文本文件

B. 文件由二进制数据字符序列组成，C 语言只能读/写二进制文件

C. 文件由记录序列组成，按数据的存储形式分为二进制文件和文本文件

D. 文件由数据流组成，按数据的存储形式分为二进制文件和文本文件

（2）C 语言文件标准输入文件是指（　　）。

A. 键盘　　B. 显示器　　C. 打印机　　D. 硬盘

（3）C 语言关闭文件的库函数是（　　）。

A. fopen()　　B. fclose()　　C. fseek()　　D. rewind()

（4）C 语言打开文件的库函数是（　　）。

A. fopen()　　B. fclose()　　C. fseek()　　D. rewind()

（5）假设 fp 为文件指针并已指向了某个文件，在没有遇到文件结束标志时，函数 feof(fp)的返回值为（　　）。

A. 0　　B. 1　　C. –1　　D. 一个非 0 的值

2. 编程题

从键盘输入一个字符串，将其中的小写字母全部转换成大写字母，然后输出一个磁盘文件 test 中保存。输入以字符串“!”结束。

第11章 位运算

学习目标：

- 理解为什么要使用位运算。
- 学会C语言中位运算的符的使用。
- 掌握运算符的优先级别。
- 了解位段的定义及使用，并注重与结构的比较。

完成任务：

取一个整数 a 从右端开始的 4～7 位。

程序源代码：

```
#include <stdio.h>
int main()
{
 unsigned a,b,c,d;
  scanf("%x",&a);
//用%o  无符号八进制整数，%x 是十六进制
  b=a>>4;
  c=~(~0<<4);
//重点在 "~" 符号~0 得到整数各个位上都是 1，再左移 4 位，就得到 1111 1111 1111 0000
然后再取反，就得到 0000 0000 0000 1111
 d=b&c;
 printf("%o\n%d\n%d\n",a,d,~0<<4);
//但是要注意上下的格式符要一直，不要上面用%x 或者%o，下面用%d
 return 0;
}
```

程序运行结果：

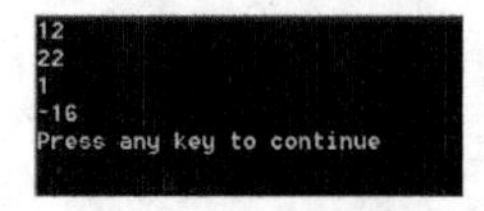

11.1 位运算应用的必要性

前面介绍的各种运算都是以字节作为最基本位进行的。 但在很多系统程序中常要求在位（bit）一级进行运算或处理。C语言之所以具有广泛的用途和强大的生命力，就在于它既具有高级语言的特点，又具有低级语言的功能。因此，C语言提供了位运算的功能，这使得C语言也能像

汇编语言一样用来编写系统程序。

位运算符的功能是对其操作数按其二进制形式逐位地进行逻辑运算或移位运算。由位运算的特点确定操作数只能是整数类型或字符型的数据，不能是实型数据。

11.2 位运算符及位运算

11.2.1 位运算符

C语言提供了6种位运算符：

& 按位与
| 按位或
^ 按位异或
~ 取反
<< 左移
>> 右移

11.2.2 位运算

1. 按位与运算

按位与运算符“&”是双目运算符。其功能是参与运算的两数各对应的二进位做与的运算。只有对应的两个二进位均为1时，结果位才为1，否则为0。参与运算的数以补码方式出现。

例如，9&5可写算式如下：

```
  00001001      （9的二进制补码）
& 00000101      （5的二进制补码）
-----------
  00000001      （1的二进制补码）
```

可见9&5=1。

按位与运算通常用来对某些位清0或保留某些位。例如，把a的高八位清0，保留低八位，可作a&255运算（255的二进制数为0000000011111111）。

【示例11.1】按位与运算。

```
void main()
{
    int a=9,b=5,c;
    c=a&b;
    printf("a=%d\nb=%d\nc=%d\n",a,b,c);
}
```

程序运行结果：

```
a=9
b=5
c=1
Press any key to continue
```

2. 按位或运算

按位或运算符“|”是双目运算符。其功能是参与运算的两数各对应的二进位相或。只要对应

的两个二进位有一个为1时，结果位就为1。参与运算的两个数均以补码出现。

例如，9|5可写算式如下：

```
   00001001
 | 00000101
 ----------
   00001101      （十进制为13）
```

可见9|5=13。

【示例 11.2】按位或运算。

```
void main()
{
    int a=9,b=5,c;
    c=a|b;
    printf("a=%d\nb=%d\nc=%d\n",a,b,c);
}
```

程序运行结果：

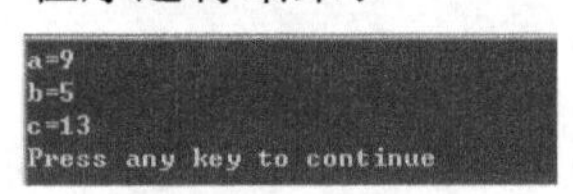

3. 按位异或运算

按位异或运算符“^”是双目运算符。其功能是参与运算的两数各对应的二进位相异或，当两对应的二进位相异时，结果为1。参与运算数仍以补码出现，

例如，9^5可写成算式如下：

```
   00001001
 ^ 00000101
 ----------
   00001100      （十进制为12）
```

【示例 11.3】按位异或运算。

```
void main()
{
    int a=9;
    a=a^5;
    printf("a=%d\n",a);
}
```

程序运行结果：

```
a=12
Press any key to continue
```

4. 按反运算

求反运算符“～”为单目运算符，具有右结合性。其功能是对参与运算的数的各二进制位按位求反。

例如，～9的运算为：～(0000000000001001)，结果为：1111111111110110。

5. 左移运算

左移运算符“<<”是双目运算符。其功能把“<<”左边的运算数的各二进制位全部左移若干位，由“<<”右边的数指定移动的位数，高位丢弃，低位补0。

例如：a<<4指把a的各二进位向左移动4位。如a=00000011(十进制3)，左移4位后为00110000（十进制48）。

6. 右移运算

右移运算符“>>”是双目运算符。其功能是把“>>”左边的运算数的各二进位全部右移若干位，“>>”右边的数指定移动的位数。

例如，设 a=15，则 a>>2 表示把 000001111 右移为 00000011（十进制 3）。

应该说明的是，对于有符号数，在右移时，符号位将随同移动。当为正数时，最高位补 0，而为负数时，符号位为 1，最高位是补 0 或是补 1 取决于编译系统的规定。Visual C++和很多系统规定为补 1。

【示例 11.4】移位运算 1。

```
#include <stdio.h>
void main()
{
    unsigned a,b;
    printf("input a number:   ");
    scanf("%d",&a);
    b=a>>5;
    b=b&15;
    printf("a=%d\tb=%d\n",a,b);
}
```

程序运行结果：

```
input a number:   12
a=12    b=0
Press any key to continue
```

【示例 11.5】移位运算 2。

```
#include <stdio.h>
void main()
{
    char a='a',b='b';
    int p,c,d;
    p=a;
    p=(p<<8)|b;
    d=p&0xff;
    c=(p&0xff00)>>8;
    printf("a=%d\nb=%d\nc=%d\nd=%d\n",a,b,c,d);
}
```

程序运行结果：

```
a=97
b=98
c=97
d=98
Press any key to continue
```

11.2.3 不同长度的数据进行位运算

位运算的操作数可以是整型或字符型数据。如果两个运算数类型不同时位数也会不同。遇到这种情况，系统将自动进行如下处理：

（1）将两个操作数右端对齐。

（2）将位数短的一个操作数往高位补充，即无符号数和正整数左侧用 0 补全，负数左侧用 1 补全。然后对位数相等的这两个操作数，按位进行位运算。

11.3 位运算符优先级别

位运算符的优先级如表 11–1 所示。

表 11–1 位运算符

位运算符	含义	优先级
!	按位或	1
^	接位异或	2
&	按位与	3
<<	左移	4
>>	右移	
~	按位异或	5

位运算符还可以与赋值运算结合，进行位运算赋值操作，位运算赋值运算符如表 11–2 所示。

表 11–2 位运算赋值运算符

运算符	含义	操作数	等价于
&=	位与赋值	a&=b	a= a&b
!=	位或赋值	a!=b	a= a!b
^=	位异或赋值	a^=b	a= a^b
<<=	左移赋值	a<<=b	a= a<<b
>>=	右移赋值	a>>=b	a= a>>b

11.4 位段（位域）

有些信息在存储时，并不需要占用一个完整的字节，而只需占几个或一个二进制位。例如，在存放一个开关量时，只有 0 和 1 两种状态，用一位二进制位即可。为了节省存储空间，并使处理简便，C 语言提供了一种数据结构，称为“位域”或“位段”。

所谓“位域”，是把一个字节中的二进制位划分为几个不同的区域，并说明每个区域的位数。每个域有一个域名，允许在程序中按域名进行操作。这样就可以把几个不同的对象用一个字节的二进制位域来表示。

11.4.1 位段的定义和位段变量的说明

位域定义的语法形式：

```
struct 位域结构名
{
    位域列表
};
```

与结构定义相仿，其中位段列表的语法形式为：

类型说明符 位域名: 位域长度

例如：

```
struct bs
{
    int a:8;
    int b:2;
    int c:6;
};
```

位域变量的说明与结构变量说明的方式相同。 可采用先定义后说明，同时定义说明或者直接说明这三种方式。

例如：

```
struct bs
{
    int a:8;
    int b:2;
    int c:6;
}data;
```

说明 data 为 bs 变量，共占两个字节。其中，位段 a 占 8 位，位段 b 占 2 位，位段 c 占 6 位。

对于位段的定义有以下几点说明：

（1）一个位段必须存储在同一个字节中，不能跨两个字节。如一个字节所剩空间不够存放另一位段时，应从下一单元起存放该位段。也可以有意使某位段从下一单元开始。

例如：

```
struct bs
{
    unsigned a:4
    unsigned :0         /*空域*/
    unsigned b:4        /*从下一单元开始存放*/
    unsigned c:4
}
```

在这个位段定义中，a 占第一字节的 4 位，后 4 位填 0 表示不使用，b 从第二字节开始，占用 4 位，c 占用 4 位。

（2）由于位段不允许跨两个字节，因此位域的长度不能大于一个字节的长度，也就是说不能超过 8 位二进位。

（3）位段可以无位段名，这时它只用来作填充或调整位置。无名的位段是不能使用的。

例如：

```
struct k
{
    int a:1
    int  :2         /*该 2 位不能使用*/
    int b:3
    int c:2
};
```

从以上分析可以看出，位段在本质上就是一种结构类型，不过其成员是按二进制位分配的。

11.4.2 位段的使用

位段的使用和结构成员的使用相同，其一般语法形式为：

位段变量名·位段名

位段允许用各种格式输出。

【示例 11.6】位段的使用示例。

```
void main()
{
    struct bs
    {
      unsigned a:1;
      unsigned b:3;
      unsigned c:4;
    } bit,*pbit;
    bit.a=1;
    bit.b=7;
    bit.c=15;
    printf("%d,%d,%d\n",bit.a,bit.b,bit.c);
    pbit=&bit;
    pbit->a=0;
    pbit->b&=3;
    pbit->c|=1;
    printf("%d,%d,%d\n",pbit->a,pbit->b,pbit->c);
}
```

程序运行结果：

```
1,7,15
0,3,15
Press any key to continue
```

上例程序中定义了位段结构 bs，三个位段为 a、b、c。说明了 bs 类型的变量 bit 和指向 bs 类型的指针变量 pbit。这表示位段也是可以使用指针的。程序的 9、10、11 三行分别给三个位段赋值（应注意赋值不能超过该位段的允许范围）。程序第 12 行以整型量格式输出三个域的内容。第 13 行把位域变量 bit 的地址送给指针变量 pbit。第 14 行用指针方式给位域 a 重新赋值，赋为 0。第 15 行使用了复合的位运算符"&="，该行相当于：pbit->b=pbit->b&3。位段 b 中原有值为 7，与 3 作按位与运算的结果为 3（111&011=011,十进制值为 3）。同样，程序第 16 行中使用了复合位运算符"|="，相当于：pbit->c=pbit->c|1。

其结果为 15。程序第 17 行用指针方式输出了这三个域的值。

小　　结

（1）位运算是C语言的一种特殊运算功能， 它是以二进制位为单位进行运算的。位运算符只有逻辑运算和移位运算两类。位运算符可以与赋值符一起组成复合赋值符。如&=、|=、^=、>>=、<<=等。

（2）利用位运算可以完成汇编语言的某些功能，如置位、位清零、移位等。还可进行数据的压缩存储和并行运算。

（3）位段在本质上也是结构类型，不过它的成员按二进制位分配内存。其定义、说明及使用的方式都与结构相同。

（4）位运算应用口诀：清零取反要用与，某位置一可用或；若要取反和交换，轻轻松松用异或。

作　　业

1．选择题

（1）已知 int a = 1,b = 3 则 a^b 的值为（　　）。

A．3　　B．1　　C．2　　D．4

（2）设有以下语句：

```
char x=3,y=6,z;
z=x^y<<2;
```

则 z 的二进制值是（　　）。

A．00010100　　B．00011011　　C．00011100　　D．00011000

（3）在位运算中，操作数左移一位，其结果相当于（　　）。

A．操作数乘以 2　　B．操作数除以 2　　C．操作数除以 4　　D．操作数乘以 4

（4）在位运算中，操作数右移一位，其结果相当于（　　）。

A．操作数乘以 2　　B．操作数除以 2　　C．操作数除以 4　　D．操作数乘以 4

（5）以下程序的输出结果是（　　）。

```
void main()
{
   char x=040;
   printf("%0\n",x<<1);
}
```

A．100　　B．80　　C．32　　D．64

2．读程序，写出运行结果

（1）以下程序的输出结果是________。

```
#include <stdio.h>
void main()
{
   int m=20,n=025;
   if(m^n)printf("mmm\n");
   else printf("nnn\n");
}
```

（2）以下程序的运行结果是________。

```
#include <stdio.h>
void main()
{
   unsigned a,b;
   a=0x9a; b=~a;
   printf("a:%x\n",a);
   printf("b:%x\n",b);
}
```

（3）以下程序运行的结果是________。

```
#include <stdio.h>
void main()
{
    unsigned a=0112,x,y,z;
    x=a>>3;
    printf("x=%o,",x);
    y=~(~0<<4);
    printf("y=%o,",y);
    z=x&y;
    printf("z=%o\n",z);
}
```

（4）以下程序的运行结果是________。

```
#include <stdio.h>
void main()
{
    char a=0x95,b,c;
    b=(a&0xf)<<4;
    c=(a&0xf0)>>4;
    a=b|c;
    printf("%x\n",a);
}
```

附录 A　C 语言的关键字

auto	break	case	char	const
continue	default	do	double	else
enum	extern	float	for	goto
if	int	long	register	return
short	signed	sizeof	static	struct
switch	typedef	unsigned	union	void
volatile	while			

附录 B　常用字符与 ASCII 代码对照表

字符	ASCII 码	字符	ASCII 码	字符	ASCII 码	字符	ASCII 码
[空格]	32	8	56	P	80	h	104
!	33	9	57	Q	81	i	105
"	34	:	58	R	82	j	106
#	35	;	59	S	83	k	107
$	36	<	60	T	84	l	108
%	37	=	61	U	85	m	109
&	38	>	62	V	86	n	110
'	39	?	63	W	87	o	111
(	40	@	64	X	88	p	112
)	41	A	65	Y	89	q	113
*	42	B	66	Z	90	r	114
+	43	C	67	[	91	s	115
,	44	D	68	\	92	t	116
-	45	E	69	]	93	u	117
.	46	F	70	^	94	v	118
/	47	G	71	_	95	w	119
0	48	H	72	`	96	x	120
1	49	I	73	a	97	y	121
2	50	J	74	b	98	z	122
3	51	K	75	c	99	{	123
4	52	L	76	d	100	|	124
5	53	M	77	e	101	}	125
6	54	N	78	f	102	~	126
7	55	O	79	g	103		

键盘常用 vkey 码

Esc 键	VK_ESCAPE（27）	方向键（↑）	VK_UP（38）
回车键	VK_RETURN（13）	方向键（→）	VK_RIGHT（39）
方向键（←）	VK_LEFT（37）	方向键（↓）	VK_DOWN（40）

附录C 常用库函数

1．分类函数（所在函数库为 ctype.h）

函数：int isalpha(int ch)

功能：若 ch 是字母（'A'～'Z'，'a'～'z'）返回非 0 值，否则返回 0。

函数：int isalnum(int ch)

功能：若 ch 是字母（'A'～'Z'，'a'～'z'）或数字（'0'～'9'）返回非 0 值，否则返回 0。

函数：int islower(int ch)

功能：若 ch 是小写字母（'a'～'z'）返回非 0 值，否则返回 0。

函数：int tolower(int ch)

功能：若 ch 是大写字母（'A'～'Z'）返回相应的小写字母（'a'～'z'）。

函数：int toupper(int ch)

功能：若 ch 是小写字母（'a'～'z'）返回相应的大写字母（'A'～'Z'）。

函数：int islower(int ch)

功能：若 ch 是小写字母（'a'～'z'）返回非 0 值，否则返回 0。

函数：int isupper(int ch)

功能：若 ch 是大写字母（'A'～'Z'）返回非 0 值，否则返回 0。

2．数学函数（所在函数库为 math.h、stdlib.h）

函数：int abs(int i)

功能：返回整型参数 i 的绝对值。

函数：double fabs(double x)

功能：返回双精度参数 x 的绝对值。

函数：long labs(long n)

功能：返回长整型参数 n 的绝对值。

函数：double ceil(double x)

功能：返回不小于 x 的最小整数。

函数：double floor(double x)

功能：返回不大于 x 的最大整数。

函数：void srand(unsigned seed)

功能：初始化随机数发生器。

函数：int rand()

功能：产生一个随机数并返回这个数。

函数：double exp(double x)

功能：返回指数函数 e^x 的值。

函数：double log(double x)

功能：返回 $\log_e x$ 的值。

函数：double log10(double x)

功能：返回 $\log_{10} x$ 的值。

函数：double pow(double x,double y)

功能：返回 x^y 的值。

函数：double pow10(int p)

功能：返回 10^p 的值。

函数：double sqrt(double x)

功能：返回x 的正平方根。

函数：double acos(double x)

功能：返回 x 的反余弦 $\cos^{-1}(x)$值，x 为弧度。

函数：double asin(double x)

功能：返回 x 的反正弦 $\sin^{-1}(x)$值，x 为弧度。

函数：double atan(double x)

功能：返回 x 的反正切 $\tan^{-1}(x)$值，x 为弧度。

函数：double atan2(double y,double x)

功能：返回 y/x 的反正切 $\tan^{-1}(x)$值，y 和 x 为弧度。

函数：double cos(double x)

功能：返回 x 的余弦 cos(x)值，x 为弧度。

函数：double sin(double x)

功能：返回 x 的正弦 sin(x)值，x 为弧度。

函数：double tan(double x)

功能：返回 x 的正切 tan(x)值，x 为弧度。

3．目录函数（所在函数库为 dir.h、dos.h）

函数：int chdir(char *path)

功能：使指定的目录 path（如:"C:\\WPS"）变成当前的工作目录，成功返回 0。

函数：int getcurdir(int drive,char *direc)

功能：drive 指定的驱动器（0=当前，1=A，2=B，3=C 等）；direc 保存指定驱动器当前工作路径的变量；返回指定驱动器的当前工作目录名称，成功返回 0。

函数：int mkdir(char *pathname)

功能：建立一个新的目录 pathname，成功返回 0。

函数：int rmdir(char *pathname)

功能：删除一个目录 pathname，成功返回 0。

函数：char *mktemp(char *template)

功能：构造一个当前目录上没有的文件名并存于 template 中。

函数：char *searchpath(char *pathname)

功能：利用 MSDOS 找出文件 filename 所在路径，此函数使用 DOS 的 PATH 变量，未找到文件返回 NULL。

4．输入/输出子程序（所在函数库为 io.h、conio.h、stat.h、dos.h、stdio.h、signal.h）

函数：int fgetchar()

功能：从控制台（键盘）读一个字符，显示在屏幕上。

函数：int getch()

功能：从控制台（键盘）读一个字符，不显示在屏幕上。

函数：int putch()

功能：向控制台（显示器）写一个字符。

函数：int getchar()

功能：从控制台（键盘）读一个字符，显示在屏幕上。

函数：int putchar()

功能：向控制台（显示器）写一个字符。

函数：int getche()

功能：从控制台（键盘）读一个字符，显示在屏幕上。

函数：int puts(char *string)

功能：发送一个字符串 string 给控制台（显示器），使用 BIOS 进行输出。

函数：int rename(char *oldname,char *newname)

功能：将文件 oldname 的名称改为 newname。

函数：int open(char *pathname,int access[,int permiss])

功能：为读或写打开一个文件，按后按 access 来确定是读文件还是写文件，access 值及意义见下表：

access 值	意　　义
O_RDONLY	读文件
O_WRONLY	写文件
O_RDWR	既读也写
O_NDELAY	没有使用；对 UNIX 系统兼容
O_APPEND	既读也写，但每次写总是在文件尾添加
O_CREAT	若文件存在，此标志无用；若不存在，新建文件
O_TRUNC	若文件存在，则长度被截为 0，属性不变
O_EXCL	未用；对 UNIX 系统兼容
O_BINARY	此标志可显式地给出以二进制方式打开文件
O_TEXT	此标志可用于显式地给出以文本方式打开文件

permiss 为文件属性，可为以下值：S_IWRITE 允许写；S_IREAD 允许读；S_IREAD|S_IWRITE 允许读、写。

函数：int creat(char *filename,int permiss)

功能：建立一个新文件 filename，并设定读写性。

permiss 为文件读写性，可以为以下值：S_IWRITE 允许写；S_IREAD 允许读；S_IREAD|S_IWRITE 允许读、写。

函数：int creatnew(char *filenamt,int attrib)

功能：建立一个新文件 filename，并设定文件属性。

attrib 为文件属性，可以为以下值：FA_RDONLY 只读；FA_HIDDEN 隐藏；FA_SYSTEM 系统。

函数：int read(int handle,void *buf,int nbyte)

功能：从文件号为 handle 的文件中读 nbyte 个字符存入 buf 中。

函数：int write(int handle,void *buf,int nbyte)

功能：将 buf 中的 nbyte 个字符写入文件号为 handle 的文件中。

函数：int eof(int *handle)

功能：检查文件是否结束，结束返回 1，否则返回 0。

函数：long filelength(int handle)

功能：返回文件长度，handle 为文件号。

函数：int close(int handle)

功能：关闭 handle 所表示的文件处理，handle 是从_creat、creat、creatnew、creattemp、dup、dup2、_open、open 中的一个处调用获得的文件，处理成功返回 0，否则返回-1，可用于 UNIX 系统。

函数：FILE * fopen(char *filename,char *type)

功能：打开一个文件 filename，打开方式为 type，并返回这个文件指针，type 可为以下字符串加上后缀：

type	读 写 性	文本/二进制文件	建新/打开旧文件
r	读	文本	打开旧的文件
w	写	文本	新建文件
a	添加	文本	有就打开无则新建
r+	读/写	不限制	打开
w+	读/写	不限制	新建文件
a+	读/添加	不限制	有就打开无则新建

可加的后缀为 t、b。加 b 表示文件以二进制形式进行操作，t 没必要使用。例如：

```
#include <stdio.h>
main()
{
  FILE *fp;
  fp=fopen("C:\\WPS\\WPS.EXE","r+b");
}
```

函数：int feof(FILE *stream)

功能：检测流 stream 上的文件指针是否在结束位置。

函数：int getc(FILE *stream)

功能：从流 stream 中读一个字符，并返回这个字符。

函数：int putc(int ch,FILE *stream)

功能：向流 stream 写入一个字符 ch。

5．字符串操作函数（所在函数库为 string.h）

函数：char stpcpy(char *dest,const char *src)

功能：将字符串 src 复制到 dest。

函数：char strcat(char *dest,const char *src)

功能：将字符串 src 添加到 dest 末尾。

函数：char strchr(const char *s,int c)

功能：检索并返回字符 c 在字符串 s 中第一次出现的位置。

函数：int strcmp(const char *s1,const char *s2)

功能：比较字符串 s1 与 s2 的大小，并返回 s1-s2。

函数：char strcpy(char *dest,const char *src)

功能：将字符串 src 复制到 dest。

函数：size_t strcspn(const char *s1,const char *s2)

功能：扫描 s1，返回在 s1 中有，在 s2 中也有的字符个数。

函数：char strdup(const char *s)

功能：将字符串 s 复制到最近建立的单元。

函数：int stricmp(const char *s1,const char *s2)

功能：比较字符串 s1 和 s2，并返回 s1-s2。

函数：size_t strlen(const char *s)

功能：返回字符串 s 的长度。

函数：char strlwr(char *s)

功能：将字符串 s 中的大写字母全部转换成小写字母，并返回转换后的字符串。

函数：char strncat(char *dest,const char *src,size_t maxlen)

功能：将字符串 src 中最多 maxlen 个字符复制到字符串 dest 中。

函数：int strncmp(const char *s1,const char *s2,size_t maxlen)

功能：比较字符串 s1 与 s2 中的前 maxlen 个字符。

函数：char strncpy(char *dest,const char *src,size_t maxlen)

功能：复制 src 中的前 maxlen 个字符到 dest 中。

函数：int strnicmp(const char *s1,const char *s2,size_t maxlen)

功能：比较字符串 s1 与 s2 中的前 maxlen 个字符。

函数：char strnset(char *s,int ch,size_t n)

功能：将字符串 s 的前 n 个字符置于 ch 中。

函数：char strpbrk(const char *s1,const char *s2)

功能：扫描字符串 s1，并返回在 s1 和 s2 中均有的字符个数。

函数：char strrchr(const char *s,int c)

功能：扫描最后出现一个给定字符 c 的一个字符串 s。

函数：char strrev(char *s)

功能：将字符串 s 中的字符全部颠倒顺序重新排列，并返回排列后的字符串。

函数：char strset(char *s,int ch)

功能：将一个字符串 s 中的所有字符置于一个给定的字符 ch。

函数：size_t strspn(const char *s1,const char *s2)

功能：扫描字符串 s1，并返回在 s1 和 s2 中均有的字符个数。

函数：char strstr(const char *s1,const char *s2)

功能：扫描字符串 s2，并返回第一次出现 s1 的位置。

函数：char strtok(char *s1,const char *s2)

功能：检索字符串 s1，该字符串 s1 是由字符串 s2 中定义的定界符所分隔。

函数：char strupr(char *s)

功能：将字符串 s 中的小写字母全部转换成大写字母，并返回转换后的字符串。

6. 存储分配函数（所在函数库为 alloc.h、malloc.h）

函数：int allocmem(unsigned size,unsigned *seg)

功能：利用 DOS 分配空闲的内存，size 为分配内存大小，seg 为分配后的内存指针。

函数：int freemem(unsigned seg)

功能：释放先前由 allocmem 分配的内存，seg 为指定的内存指针。

函数：void *calloc(unsigned nelem,unsigned elsize)

功能：分配 nelem 个长度为 elsize 的内存空间并返回所分配内存的指针。

函数：void *malloc(unsigned size)

功能：分配 size 个字节的内存空间，并返回所分配内存的指针。

函数：void free(void *ptr)

功能：释放先前所分配的内存，所要释放的内存的指针为 ptr。

函数：void *realloc(void *ptr,unsigned newsize)

功能：改变已分配内存的大小，ptr 为已分配有内存区域的指针，newsize 为新的长度，返回分配好的内存指针。

7. 时间日期函数（所在函数库为 time.h、dos.h）

在时间日期函数里，主要用到的结构有以下几个：

总时间日期存储结构 tm：

```
struct tm
{
  int tm_sec;                    /*秒,0-59*/
  int tm_min;                    /*分,0-59*/
  int tm_hour;                   /*时,0-23*/
  int tm_mday;                   /*天数,1-31*/
```

```
    int tm_mon;                  /*月数,0-11*/
    int tm_year;                 /*自 1900 的年数*/
    int tm_wday;                 /*自星期日的天数 0-6*/
    int tm_yday;                 /*自 1 月 1 日起的天数,0-365*/
    int tm_isdst;                /*是否采用夏时制,采用为正数*/
  }
```

日期存储结构 date：

```
  struct date
  {
    int da_year;                 /*自 1900 的年数*/
    char da_day;                 /*天数*/
    char da_mon;                 /*月数 1=Jan*/
  }
```

时间存储结构 time：

```
  struct time
  {
    unsigned char ti_min;        /*分钟*/
    unsigned char ti_hour;       /*小时*/
    unsigned char ti_hund;
    unsigned char ti_sec;        /*秒*/
```

函数：char *ctime(long *clock)

功能：本函数把 clock 所指的时间（如由函数 time()返回的时间）转换成下列格式的字符串：

Mon Nov 21 11:31:54 1983\n\0

函数：char *asctime(struct tm *tm)

功能：本函数把指定的 tm 结构类的时间转换成下列格式的字符串：

Mon Nov 21 11:31:54 1983\n\0

函数：double difftime(time_t time2,time_t time1)

功能：计算结构 time2 和 time1 之间的时间差距（以秒为单位）。

函数：struct tm *gmtime(long *clock)

功能：本函数把 clock 所指的时间（如由函数 time()返回的时间）转换成格林威治时间，并以 tm 结构形式返回。

函数：struct tm *localtime(long *clock)

功能：本函数把 clock 所指的时间（如函数 time()返回的时间）转换成当地标准时间，并以 tm 结构形式返回 void tzset()。本函数提供了对 UNIX 操作系统的兼容性。

函数：long dostounix(struct date *dateptr,struct time *timeptr)

功能：本函数将 dateptr 所指的日期、timeptr 所指的时间转换成 UNIX 格式，并返回自格林威治时间 1970 年 1 月 1 日凌晨起到现在的秒数。

函数：void unixtodos(long utime,struct date *dateptr,struct time *timeptr)

功能：本函数将自格林威治时间 1970 年 1 月 1 日凌晨起到现在的秒数 utime 转换成 DOS 格式并保存于用户所指的结构 dateptr 和 timeptr 中。

函数：void getdate(struct date *dateblk)

功能：本函数将计算机内的日期写入结构 dateblk 中以供用户使用。

函数：void setdate(struct date *dateblk)

功能：本函数将计算机内的日期改成由结构 dateblk 所指定的日期。

函数：void gettime(struct time *timep)

功能：本函数将计算机内的时间写入结构 timep 中，以供用户使用。

函数：void settime(struct time *timep)

功能：本函数将计算机内的时间改为由结构 timep 所指的时间。

函数：long time(long *tloc)

功能：本函数给出自格林威治时间 1970 年 1 月 1 日凌晨至现在所经过的秒数，并将该值存于 tloc 所指的单元中。

函数：int stime(long *tp)

功能：本函数将 tp 所指的时间（例如由 time 所返回的时间）写入计算机中。

参 考 文 献

[1] 谭浩强. C 程序设计[M]. 3 版. 北京：清华大学出版社，2005.

[2] C 编写组. 常用 C 语言用法速查手册[M]. 北京：龙门书局，1995.

[3] 熊壮. C 语言程序设计[M]. 北京：机械工业出版社，2008.

[4] 全国计算机等级考试命题研究组. 全国计算机等级考试上机考试习题集：二级 C 语言程序设计[M]. 北京：金版电子出版公司，2003.

[5] 恰汗·合孜尔，单洪森. C 语言程序设计[M]. 北京：中国铁道出版社，2005.

[6] 谭浩强. C 语言程序设计题解与上机指导[M]. 北京：清华大学出版社，2000.

[7] 陈朔鹰，陈英. C 语言趣味程序百例精解[M]. 北京：北京理工大学出版社，1996.

[8] 田淑清. C 语言程序设计辅导与习题集[M]. 北京：中国铁道出版社，2000.

[9] 郑莉，董渊，张瑞丰. C++语言程序设计[M]. 3 版. 北京：清华大学出版社，2003.

[10] 郑莉，董渊，张瑞丰. C++语言程序设计：学生用书[M]. 3 版. 北京：清华大学出版社，2004.

[11] 张富，等. C 及 C++程序设计[M]. 修订本. 北京：人民邮电出版社，2005.